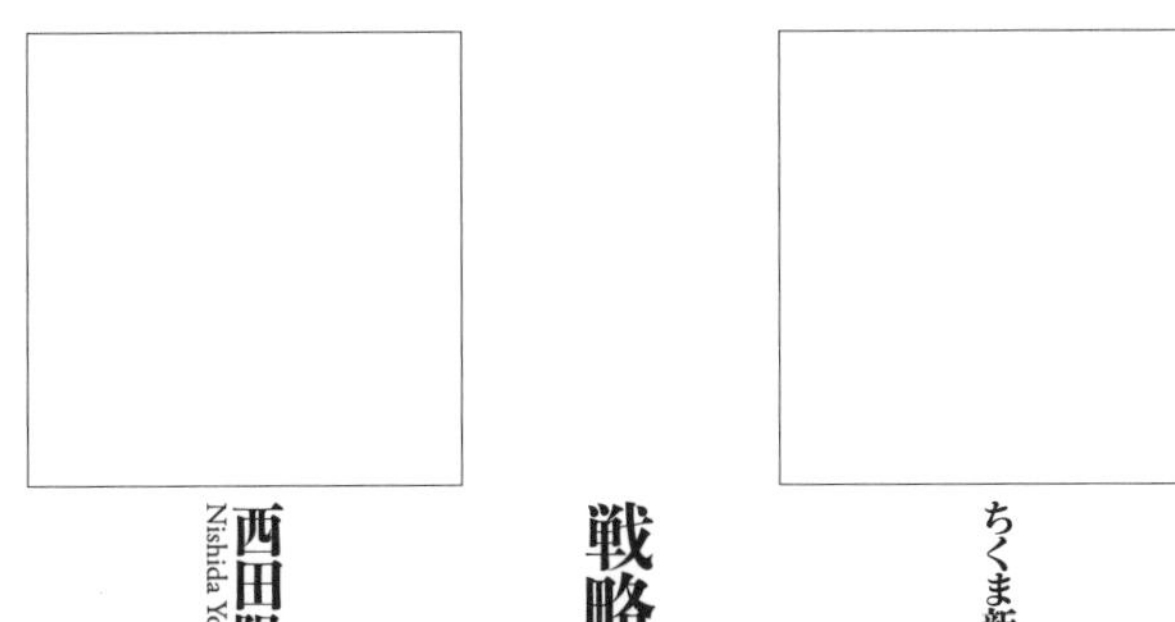

ちくま新書

# 戦略思想史入門

―

西田陽一
Nishida Yoichi

1615

# 戦略思想史入門——孫子からリデルハートまで【目次】

## 第二章 マキャベリ 051

## 第三章　ジョミニ　

## 第四章 クラウゼヴィッツ 127

# はじめに

## †「戦い」が消えた戦略

「戦略」という言葉はビジネス、スポーツ、政治、経済などあらゆる領域で使われており、現代では十分に市民権を得ている。普通に生活をしていて「戦略」という言葉を使う際に、その意味、定義、範囲などで特に厳密さを求められるわけでもない。戦略とは何かと問われたら、将来の見立てやビジョンを定め、どのような手順とリソース配分でもって具体的に進捗させていくかの大元のプランだと回答しておけば、まずもって波風は立たないだろう。

ただ、故意なのかどうかはさておき、こうした戦略では文字通りの「戦う」といった要素が薄められてしまっている。戦略の語源は古代ギリシャの将軍たちが用いた術を表わすストラテゴスから来ていることは知識としてはわりと知られているが、この事実をいちいち意識しながら戦略なる言葉を使う人はまずいない。

他方で、この戦略という語は、頭につく言葉次第でそのイメージを大きく変える。たとえば、「国家安全保障戦略」「安全保障戦略」「軍事戦略」といった使われ方になると戦略は急に厳しい相貌（そうぼう）を持って立ち上がってくる。ここで使われる戦略は戦争、戦闘、闘争などの戦いの概念を無視して論じられることはない。国家間では彼我の状況を分析し、現実問題としてどのような向き合い方があるのかを模索しながらその戦略を策定していく。

日本でもその周辺の情勢や環境変化をどう認識し、何をすべきかといった戦略を考えることは不断の営みとしてなされている。ただ、日本では複雑に入り組んだ法律や国内の特殊事情を中心にしてあらゆる戦略が議論されては収斂していくことが多く、外国の意思や能力といったものは二の次にされやすい。

### †歴史を知るための戦略思想

もちろん、憲法を最高法規に持つ法治国家である以上は、国家としての行為は原則的には法律に基づくべきなのは当然であり、そこから逸脱してよいはずがない。ただ、多岐にわたる法律の整合性をつけるために多量の労力を注ぎ、その延長に現実からあまりに乖離した戦略が策定され、実際には機能不全の絵に描いた餅に近いものになっていくとすれば、ずいぶんと危険なことでもある。法律論とはまた別に、戦略の問題を本質的に考えるにあたり何か他の視座やアプローチが必要になるだろう。

その一つの方法は、長い歴史のなかでどのような戦略でもって国家が事態に向き合ってきたかを知ることであり、最も身近なところでいえば日本の近代史・外交史などを学ぶことだろう。明治維新以降、日清・日露戦争、第一次・第二次世界大戦で日本がどのような歩みを経たかを語る数多い書籍から、戦略のあり方を反省と教訓を引き出しつつ学んでいくのは一つの方法である。

だが他方で、それらの書籍のなかで戦略に関する知識や思想、作戦や戦術についての軍事的常識などにも言及しつつ、叙述を展開しているものは多くないのも現実である。こうした視座を欠いたまま、不幸かつ不断な営みである戦争によって大部分が構成される歴史を学んでゆくのは、戦争や戦略を具体的に理解する手がかりを失ったままに歩みを続けることになる。近代史に限らず、歴史の本を読む際の手がかりとして、これまでの戦争を通じてどのような戦略思想が生み出されてきたのかがわかり、それらがどういった評価を受けてきたのかをコンパクトに学べる本が傍らにあってもよいだろうと考えたのが本書を執筆した動機である。

## †古代から現代までの戦略思想家

古代から現代に至るまで、人類は絶えず戦争を繰り返してきている。そして、それぞれの時代に戦争と必死に向き合い、戦略として一つの思想にして遺してきた人々がいる。それらが網羅する範囲にはかなりの幅があり、戦争とは何かといったことを根本から考えるもの、政治のあり方と戦争の遂行を絡めて考えるもの、武力戦の進め方に重きを置いて考えるもの、直接的な武力戦以外の方法で戦争目的の達成を考えるものなど様々である。

こうしたものをすべてまとめて本書では「戦略思想」として扱う。その上で、古代・東洋の孫子（孫武）、中世欧州のマキャベリ、十九世紀のジョミニとクラウゼヴィッツ、海軍戦略のマハン、二十世紀のリデルハートという六人の戦略思想家を取り上げ、その戦略思想のエッセンスを抽出した。

なお、この六人が遺した戦略思想はその網羅する範囲や重点も異なるだけでなく、叙述方法やスタイル、加えてそれらの記録が何のために遺されたのかについてもそれぞれ事情が違う。それらは簡潔にいえば、君主や王への指南書、就職登用を意識した書き物、誰にもわかりやすいマニュアル、未完の哲学的書物、講義準備ノート、専門書、一般向け書物などとなる。

## †本書の構成について

六人の戦略思想を時代の流れに併せて紹介していくが、網羅する範囲、用語の定義、考察の深みなどが異なるそれぞれの戦略思想を、上位概念から実際の現場（戦場）における戦い方についての考えまで幅を広げて紹介するよう努めた。

各章の前半（第1節）を基本的には戦略思想のなかでもそれぞれの上位概念の説明に充てて、特に戦略という言葉を主軸にする以上は、政治と軍事の関係についてどのような思想を持っていたのかなどを一つの焦点とした。各章後半、第2節では現場や最前線での用兵思想などのあり方について言及している。それらを論じた後で、第3節ではそれぞれの時代や人物像について展開するという方法をとっている。

また、思想エッセンスに触れてもらうために、全体のバランスに配慮しつつオリジナルからの引用を入れた。これによって、六人がどのような言葉や文脈でその戦略思想を展開しているかを直接感じていただければと思う。

なお、終章では六人全員を再登場させ、架空の円卓会議のようなものをイメージして同じ質問をそれぞれに行った形式で書いてみた。これによって時代、国、文化が異なる六人の戦略について、共通する部分と相違する部分を明確にするよう試みた。これらの戦略思想史を俯瞰して、戦略とは何か、軍事的合理性とは何かなどを考える糧にしていただければ幸いである。

# 第一章 孫子

『孫子』の考えのエッセンスを表現している「風林火山」

## 1　孫子の戦略思想①――戦わずして勝つ

### †古代の戦略思想家「兵家」

数千年を有する中国の歴史のなかで、兵法書（兵書）と呼ばれるものの多くが古代に生まれている。紀元前十一世紀に興ったとされる周王朝は、その実体としては周と諸国（諸侯）の緩やかな国家連合体であり、それぞれの国は都市と村々の限られた地域を統治するところから始まった（邑（ゆう）制国家）。紀元前七七〇年には周が当初の威勢を失い、首都を洛陽に遷都して、以降は東周と呼ばれる。ここから紀元前二二一年に秦の始皇帝が統一を果たすまでを春秋・戦国時代（春秋時代・紀元前七七〇～前四〇三年、戦国時代～前二二一年）と呼ぶ。

この時代、全体を通して周はその権威を形の上で保ちながらも、次第に諸国に対する求心力を失いゆくことになった。それに応じて諸国は自立的な動きを強め、次第に覇権や領土をめぐり戦争が頻発し、その過程で国の形も変わりゆく（領域国家）。春秋時代の初期には大小含めて百四十ヵ国を数えた国も、戦国時代には七雄と呼ばれる七ヵ国に淘汰され、七雄は支配領域を拡大した強国となっていった。

この時代に諸子百家と総称される様々な思想が生まれてくる。「儒家」「道家」「法家」「名家」「縦横家」「墨家」「兵家」などである。なかでも「法家」は法治主義を説いて、権力やルールによる秩序維持や統治に軸を置き、「縦横家」は外交や謀略を軸に論じ、「墨家」は平和博愛を説きながらも戦争が不可避ならば防戦に徹するべきだと説く。そして、これらと密接に関係を持ちつつ、政略と軍事を中心に論じるのが「兵家」であり、彼らが戦略思想を扱うことになった。そのなかで代表的なものとして『孫子』『呉子』『司馬法』『尉繚子（うつりょうし）』『六韜（りくとう）』『三略』『李衛公問対（りえいこうもんたい）』があり、これらを総称して「武経七書（ぶけいしちしょ）」と呼ぶ。

## †天下に知られた『孫子』

武経七書では『孫子』と『呉子』が有名であり、併せて「孫呉の兵法」と呼ばれる。戦国時代後期、「法家」の代表格であった韓非子が「孫・呉の書を蔵する者は、家ごとに之れ有り」との言葉を残しており、この時期までには両者の名は「兵家」として知れ渡り、政略・軍事に携わる者にとっては避けては通れない書となっていた。なお、『呉子』は、諸侯の覇者になるために武力を整える必要を説き、他方で道・仁愛・義といったことも説くが、今日では『孫子』ほどの知名度はない。

古代においては今日でいう迷信が強く信じられ、戦争に際して鬼神を頼み、天帝の意志や天道に適うかを憂慮して占いなどを重んじる傾向があった。こうしたことを取り入れる兵法を陰陽流兵学とも呼ぶが、『孫子』はこれら神秘主義から軍事を訣別させ、徹底して合理主義をもとにその戦略思想を説いている。

『孫子』と呼ばれる兵家には二人おり、一人は春秋時代後期の孫武であり、もう一人は戦国時代中期に活躍した孫臏（そんぴん）である。『史記』では孫臏は孫武の一世紀以上隔てた末裔とされている。孫臏は斉の威王のもとに出仕して軍師となり、斉に幾度も大勝をもたらし、斉の国の輿望（よぼう）を大いに高めるのに成功した。この孫臏が残した兵法を「孫臏兵法」と呼ぶが、その多くは孫武の兵法を踏襲している。本書において取り上げるのは孫武が著した『孫子』であり、武経七書のなかでも最も体系化され、時代を超えてなお戦略思想として普遍性を持つと評されている。

### †大戦略から戦術まで網羅する『孫子』

『孫子』は現代においても一般的に読まれており、「戦わずして勝つ」などの言葉はよく知られている。この戦略思想をビジネス書として要約したものなどが多数出版されているが、安全保障や軍事戦略の領域においても『孫子』はいまなお学習教材として現役であり、各国において高度な戦略にかかわる者は何かしらの形で学ぶことが多い。

いまから二千五百年以上も前にその原型がつくられた『孫子』が現代でも読まれる理由の一つは、その網羅する範囲が国家レベルの大戦略、軍全体の軍事戦略、軍隊の個々の部隊運用に関わる作戦戦略や戦術まで広きにわたり、その他にもインテリジェンス論やリーダーシップのあり方などを扱い、それがよき助言を与えてくれるからである。加えて、全十三篇で構成されている『孫子』は分量がさほどでもなく、余計な論証や個別具体的な事例（戦史例）がなく、『孫子』を著した将軍・孫武の戦略思想をシンプルに述べており読みやすい。

このことが古代の戦争をベースに抽出したその戦略思想を生き続けさせ、現代まで多くの人々に受け入れられている。

本章ではまず『孫子』の戦略思想の骨格をいくつかのポイントに絞って明確にする。その後で孫武やその時代背景について触れることにしたい。紙幅が限られているので『孫子』からの直接引用は展開するポイントのみとした。

### †政治と軍事の関係

『孫子』の戦略思想の一つの根本は、国家が武力戦を伴う戦争のすべてを回避するのは難しいが、戦争を行うならば政治目的・戦争目的をきちんと定めて慎重に実行せよというものだ。そして戦争に際して国家がその利害をしっかりと考慮し、合理的に武力戦を用い、間違っても感情論やムードだけに流されてはならないという条件を突き付けている。

開戦の是非を含めた根本的な決断は政治（政府・政治指導者）が行うべきものであり、軍（軍隊・軍事的指導者）が口出しするべきものではないとする。『孫子』は政治（政府・政治指導者）が軍（軍隊・軍事的指導者）に対して優位にあることを明確にしており、両者の間に区別を設けている。そして、政治指導者が軍事的指導者を兼ねることで、開戦の是非、全般的な作戦計画、戦場における軍隊の指揮統率までのすべてを行う考えを『孫子』は想定していない。「主」「明君」や「将」「良将」といった言葉を用い、君主と将軍の役割を分けて論じ、政治に要求される要素と軍事の高度専門性の違いをはっきりとさせている。そして、政治と軍事を兼務するのが仮に可能だとしても、軍事的には混乱を招いて望ましくない結果を生むともいっている。

なお、本書が別章で取り上げていく戦略思想の中には、政治指導者と軍事的指導者が統一されるのがよいとする考え方もある。

孫子曰く、兵は国の大事なり。死生の地、存亡の道、察せざるべからざるなり。（始計篇）

〔訳＝戦争特に武力戦とは、国家にとって回避することのできない重要な課題である。戦争特に武力戦は、国民にとって生死が決せられるところであり、国家にとっては存続するか滅亡するかの岐れ道である。我々は、戦争特に武力戦を徹底的に研究する必要がある〕

利に非ざれば動かず、得るに非ざれば用いず、危うきに非ざれば戦わず。（火攻篇）

〔訳＝国家目的の達成に寄与しない武力行使は、行ってはならない。目的実現の可能性のない武力行使は行ってはならない。他に対応の手段方法がない危急存亡の時でなければ、武力行使を行ってはならない〕

明君は之を慎み、良将は之を警む。此れ、国を安んじ軍を全うするの道なり。（火攻篇）

〔訳＝賢明な政治指導者は慎重であり、賢良なる軍事指導者は軽挙妄動しないのである。このような指導者が存在すれば、国家は安泰であり、最後の砦である国軍の健全性は確保されるであろう〕

## †「戦わずして勝つ」の戦争観

『孫子』は政治目的を定め、利害をしっかりと計算した上で武力戦を行うべきものとしたが、武力戦の性質上から勝利をおさめても、味方に少なからず犠牲者が出るのは避けられない。また、武力戦によって他国に勝利できても、味方もまた多くの犠牲を出して貴重な武力を低下させてしまえば、今度は別の国にその隙を狙われることになる。したがって可能な限り、武力戦以外の方法で政治目的の達成を追求することを上策とした。

『孫子』は戦争の本質を詭道（相手を欺く手法）であると明確に述べ、武力戦以外の戦争の手段である情報戦、外交戦などの積極的な採用を考えている。敵の謀略などをインテリジェンス・情報活動により看破して未然に打ち破り、同時に自らは敵に対してそれを仕掛けて同盟国や友好国との関係を断ち切らせ、敵国の戦力低下を試みる。これが成功すれば外交努力により武力戦に至らずとも目的を達成できる見込みがあり、仮に武力戦を行うとしてもその負荷を低減可能と考えている。

そのための外交戦において他国に表向きは道義や倫理を主張し、相手に利害を説くことはあっても、それは目的を達成するための手段に過ぎないとする。虚々実々の駆け引きや詭道を貫き悲惨な武力戦を回避し、味方は損害を被らずに自国を保全したままで、本来の政治目的が達成できるのが最善とする発想がある。

なお、インテリジェンス・情報活動についてはまた改めて触れるが、『孫子』は特に用間篇でスパイの種類からその運用の仕方、敵の首脳部やその周辺のどこを狙って工作を仕掛けるべきかなど詳細にわたり、詭道そのものについて述べている。

上兵は謀を伐つ。其の次は交を伐つ。其の次は兵を伐つ。（謀攻篇）

〔訳＝戦争指導において最善の方略は、潜在的な脅威対象国の我に対する侵攻企図・政戦略を事前に無力化させることである。その次の方策は、潜在的な脅威対象国の同盟関係を分断し、彼を孤立化させることである。これらが不可能な場合は、武力をもって敵の軍事力を撃破しなければならない〕

## †武力による百戦百勝は否

『孫子』は軍事力というパワーが他国と比べて優位にあったとしても、それを使った武力戦に連戦連勝して政治目的を達成するやり方をよしとしない。仮にそれを可能とする国力があるならば、武力戦に訴えずとも勝利をおさめる術を追求するべきだとする。要するに『孫子』は武力戦の政治目的の具体的な内容が何であるべきとの明確な定義はしていないが、全体の論理をつなげていくと、軍事力で周辺国に対して積極的に侵攻を重ね、覇権国となるのを認めていないといえる。

百戦百勝は、善の善なる者に非ざるなり。戦わずして人の兵を屈するは、善の善なる者なり。（謀攻篇）

〔訳＝武力戦によって百戦して百勝するということは、戦争指導の理想的な在り方ではない。武力を行使することなく対象国を屈服させることが最善の方策である〕

### †事前のシミュレーションを重視

『孫子』は武力戦の是非と全般的な作戦を検討する際、政治・軍事などあらゆる見地からのシミュレーションの必要性を説く。これは「廟算」（廟戦）と呼ばれ、君主の祖先を祀る宗廟の前で君主、重臣、軍人たちが集って行われた。宗廟の前で参加者は私利私欲を捨て、冷静かつ客観的に敵と我（彼我）の比較考量を行い、机上で模擬戦場を想定して武力戦を試し、勝算の程度を探ることになる。比較考量する要素は国家理念、国力、ソフトパワー、時機的・戦略的・地理的な環境条件、政府と国民の関係、軍の将軍・将兵のレベル、法令順守・教育訓練の程度などマクロからミクロまでを網羅している（これらを「五事・七計」と呼ぶ）。

これらのなかには数値化できないものもあるが、政治のトップが参加して廟算を行い、開戦の是非を合理的に問う姿勢を重視する。これを経て実際の戦場で前線指揮にあたる将軍に対して、戦場の特性、敵の能力・戦力を考えて全体的な兵力配備や作戦方針が決められるが、この時点で自軍と敵軍が発揮しうる戦闘力(相対戦闘力)において自軍の優越を見込めることを当然ながら期待された。この時点で勝ち目を見出せなければ、開戦は論理的には成立しないものとなる。

未だ戦わずして廟算するに、勝つ者は算を得ること多きなり。未だ戦わずして廟算するに、勝たざる者は算を得ること少なきなり。(始計篇)

〔訳=政府・軍首脳による戦争意思決定会議において、「五事・七計」による客観的総合算定で脅威対象国よりも身方の「力」が優勢であれば、勝利の可能性がある。もしも身方が劣勢であれば、敗北の可能性大で危険である〕

### †戦争は経済を疲弊させる

武力戦には犠牲者が伴い、人的損耗を重ねるだけでなく、経済的な視点から国家や国民に負担を強いるものだと警鐘を鳴らす。加えて労力や資源が戦場に向けて大量に費やされた結果、インフレを招いて国民の生活を不安定にする。武力戦と経済の関係について明確に言及するのが『孫子』の特徴の一つでもある。

財竭くれば則ち以て丘役を急くす。力を中原に屈くし、内は家を虚しゅうすれば、百姓の費は、十に其の六を去る。公家の費は、破車罷馬、兵戟矢弩、甲冑楯櫓、丘牛大車、十に其の七を去る。（作戦篇）

〔訳＝国家の財源が枯渇すれば、民衆に対する賦税も厳しさを増す。こうして前線では国力を使いはたし、国内では人民の家財が底をつく状態になれば、民衆の生活費は普段の六割までもが削られる。一方、政府の経常支出も、戦車の破損や軍馬の疲労、戟をはじめとする武器や矢や弩、甲冑や楯や櫓、輸送用に村々から徴発した牛や大車などの損耗補充によって、平時の七割までもが削減される〕

### †武力戦ならば短期戦

また、武力戦の基本は短期戦にあるとし、当初の政治目的の達成を過度に求め、武力戦による完全勝利を目指し、戦争を長期化させて終わらせるタイミングを逸するのは愚かしいとする。合理的な廟算をどれほど積み上げて戦争を開始しても、その目論見や計算の通りに進展することはまずなく、自由意志を持つ敵がいる以上、作戦は中途半端な形で幕引きを迫られる。『孫子』は政治目的の達成手段として武力戦を用いたはずが、その成果に過度に期待して泥沼にはまりゆくことを警告している。

兵は拙速を聞くも、未だ巧の久しきを睹ざるなり。（作戦篇）

〔訳＝武力戦においては、たとえ戦果が不十分な勝利であっても、速やかに終結に導くことによって戦争目的を達成したということは聞くが、これに反し、完全勝利を求めて武力戦を長期化させ、結果がよかった例を、いまだ見たことがないのである〕

ここまで『孫子』の国家レベルの大戦略や軍全体レベルの軍事戦略についての戦略思想をみてきた。これらを端的な言葉にすれば、政治と軍事の区分と機能の明確化、武力戦による過度な期待の禁物、開戦の是非に伴うべき合理的議論、武力戦と非武力戦（情報・外交戦）を一体化させた大戦略の確立、武力戦が経済に及ぼす影響の配慮、完全勝利を求めずに短期戦を追求等が原則となる。

これらの戦略思想がどのくらい重要な意味を持ち、そこから逸脱すると戦争がどのようになっていくかを考えるため、筆者は前に『「失敗の本質」と戦略思想――孫子・クラウゼヴィッツで読み解く日本軍の敗因』（ちくま新書）を共著で出版した。そのなかで『孫子』の視座から大東亜戦争における日本の開戦経緯について考えたが、浮かび上がってきたのは、日本の行動はこれらの原則から大きく外れてしまっているということだった。関心のある方はぜひ、同書をご参照いただきたい。

## 2 孫子の戦略思想②——武力戦の極意

本章の冒頭でも触れたが『孫子』の網羅する範囲は大戦略、軍事戦略、作戦戦略、戦術などにまで及ぶ。これまでその大戦略、軍事戦略を中心にみてきたが、ここからは武力戦を決意した以降の軍事戦略、作戦戦略、戦術をみていきたい。武力戦を短期間で勝利して終わらせるため、それぞれのレベルで全力を尽くすというのが『孫子』の基本的な考えである。

### †攻勢はどこで戦うべきか

軍事・作戦戦略の選択肢として敵国に長駆侵攻して敵軍の主力を捕捉し、一気呵成に攻勢（攻撃）をかけて撃滅するのを一つの方針としている（攻勢作戦）。ただしこれを可能とするには、経済（財力）や兵站（へいたん）能力が遠征に耐えられることが前提となる。

加えて、敵国のみならず潜在的敵国、中立国、同盟国などの領域を自軍が自由に行動するための外交交渉、敵軍主力を捕捉撃滅するための機動、欺瞞、奇襲、情報収集や工作を成功させなければならない。その上で決定的会戦や交戦地点において相対的な兵力数（相対的戦力）で優位に立つ必要があり、そのハードルは高くなる。そのための欺瞞、奇襲、情報収集や工作などの価値に重きを置き、こうした要素を多分に含む難しい作戦を指揮統率する、軍事的指導者・指揮官といった人々のプロフェッショナルな能力に期待しているのが『孫子』の特徴である。

## †守勢は必ずしも不利ならず

敵国に長駆侵攻する攻勢に価値を置きながらも、『孫子』は自国内などで敵軍を迎え撃つ守勢（防勢）という戦い方にも価値を認めている。守勢（防勢）とは自軍が十分な戦力を持っていないときに採用する戦い方として用いられるのが普通で、攻勢が主動としての性質を持つならば、守勢は受動のそれを持つとされる。こうしたデメリットを受け入れつつ守勢に回り、敵軍を迎え撃つ方針にも勝機を見出している（防勢作戦）。

これは自軍が守勢に回ると決めた場合、その準備を自力主動で確実に行い、敵軍が自軍に勝てない態勢を構築できるメリットがあるとする。たとえば、どこで敵軍を迎え撃つかなどの戦場の決定は守勢側に主動がある。当初守勢を採用し、敵軍が攻勢の最中で崩れをみせた好機には素早く機動し、反撃に転じて勝利を目指す。『孫子』はこれらを、戦闘が開始される以前の段階で洞察しなければならないとした。

勝つ可からざるは己れに在るも、勝つ可きは敵に在り。（形篇）

〔訳＝敵軍が決して自軍に勝てない態勢を作りあげるのは、己れに属することであるが、自軍が敵軍に勝てる態勢になるかどうかは、敵側に属することである〕

守らば則ち余り有りて、攻むれば則ち足らず。昔えの善く守る者は、九地の下に蔵れ、九天の上に動く。（形篇）

〔訳＝守備なる形式を取れば、戦力に余裕があり、攻撃なる形式を取れば、戦力が不足する。古代の巧みに守備する者は、大地の奥底深く潜伏し、好機を見ては天空高く機動した〕

## †武力戦に共通する原則――相対的な優勢の確保

『孫子』は攻勢と守勢、つまり自軍が敵地深くに長駆侵攻する場合、自軍が自国の領域内で敵軍の侵攻を阻止する場合、このいずれにしても、武力戦においては一つの原則的な考えを重視している。それは、絶対的な兵力数で優勢であるのが理想ではあるが、それが成立しない場合、決定的会戦や交戦地点において相対的な兵力数（相対的戦闘力）の優勢を確保し、勝機を見出すというものだ。

この考え方自体はシンプルであり、他の章で扱う戦略思想家たちにも共通する部分でもあるが、『孫子』はこの相対的な兵力数の優勢を確保する手順についての考え方を示す。それは、自軍を可能な限り迅速に集中させる一方で、敵軍には戦場に至る前段階において徹底的に分断や分散を強いて、その戦力を低下させるといったものだ。これを成功させるためにはいくつかの条件が成立しなければならない。

## †分散と集中の運用の条件

条件の一つには敵軍の態勢や動向といったものをある程度正確に情報を得る必要があり、他方で自軍の態勢や動向については可能な限り徹底して隠匿しなければならない。

ただ、理屈の上でそれは言葉にはできても、自軍のそれを完全に隠すことは難しい。したがって自軍の兵力配置や態勢、動向について敵軍がある程度知ったとしても、自軍が全般的な作戦として何を企図しているかを暴露しない工夫を凝らすものとする。

さらに別の条件として、自軍の主動でもって会戦に突入する日時や場所を決められるように努めなければならない。これを可能とするためにはそもそも、特定の地域や拠点などを絶対に守備するなどの考え方を持たないとする。これらを守備するのに重きを置く場合、そこに自軍の兵力を張り付けることになり、加えて、守備しなければならない地域や拠点の数や範囲が大きくなるほどに自軍の兵力が分散され、その配置からも自軍が何を防衛・守備目標とするかを暴露してしまう。

## †目標は敵野戦軍

したがって、自軍を地域や拠点を守備する任務から解放し、敵軍のみを攻撃目標に定めて積極的に機動していくといった方針を採用することで自軍の自由裁量が増え、これによって主動に立つといった考えを重視する。

他方で、敵軍が特定の地域や拠点を守備する方針を有しているのであれば、主動に立つ自軍はそれらに対して陽動作戦を発動し、複数の攻撃を形の上で仕掛ければ、敵軍はこちらの真の攻撃目標が何かを決めかねてその兵力を分散する。その上での条件として自軍は敵軍をしのぐ速度と然るべきタイミングで兵力集中を図ることである。敵軍の守備目標に対して自軍が陽動作戦で攻撃すれば、自軍も一時的に兵力分散をすることになる。したがって全般的な作戦計画に基づき、適切なタイミングで定められた地域に兵力を集中させる。そして、敵軍の主力やその大部を相対的に優勢な兵力でもって撃破することを目指す。

## †高等戦術を要求

こうした『孫子』の考え方は高度なものであり、実際にそれが容易に成し得るとは言えない。孫武がそのことを知らなかったはずはないが、『孫子』は敵軍を攻撃撃破することを優先し、他方で地域や拠点の守備を諦め、ときに自国領域内の国民やその財産を防衛することを放棄してでもその成功率を高めることに重きを置いたといえる。

要するに『孫子』は武力戦において広い領域などに防衛線を引き、それに基づいて守備を行ういわゆる歩哨線方式は採用せず、攻勢・守勢のいずれにしても敵軍を撃破することに集中し、それを可能とするためにもあらゆる限りの詭道を用いることを主唱する。『孫子』はかなり詳細にこの方法論を論じているが、それらのエッセンスを端的に表現したのが有名な「風林火山」の一文である。

> 兵は詐（さ）を以て立ち、利を以て動き、分合を以て変を為す者なり。故に其の疾（はや）きこと風の如く、其の徐（しずか）なること林の如く、侵掠（しんりゃく）すること火の如く、動かざること山の如く、知り難きこと陰の如く、動くこと雷の震うが如くして、嚮（むか）うところを指すに衆を分かち、地を廓（ひろ）むるに利を分かち、権を懸けて而（もっ）て動く。迂直の道を先知する者は、此れ軍争の法

なり。（軍争篇）

〔訳＝軍事行動は敵を欺くことを基本とし、利益にのみ従って行動し、分散と集合の戦法を用いて臨機応変の処置を取るのである。だから疾風のように迅速に進撃し、林のように静まりかえって待機し、火が燃え広がるように急激に侵攻し、山のように居座り、暗闇のように実態を隠し、雷鳴のように突然動き出し、偽りの進路を敵に指示するには部隊を分けて進ませ、占領地を拡大するときは要地を分守させ、権謀をめぐらせつつ機動する。迂回路を直進の近道に変える手を敵に先んじて察知するのは、これこそが軍争の方法なのである〕

## †情報活動を前提とする戦略思想

『孫子』のこの分散と集中においては機動、欺瞞、陽動作戦を積極的に仕掛け、それを成功させるための情報活動（収集、分析、工作）で自軍が優位に立ち続けることが前提となる。『孫子』はこの情報活動の可能性について積極的な考え方を展開しており、大戦略、軍事戦略、作戦戦略、戦術それぞれのレベルについて言及している。

開戦の是非、作戦の構想、戦闘の方法を決めるに先立って綿密な情報活動を行い、それによって敵の考え方や企図、能力、配置、行動計画といったものを解明して反映できるとする。無論、『孫子』が著された時代の偵察などは肉眼に頼り、スパイなどの情報活動の手段は人的情報（ヒューミント）が基本であった。スパイの運用については政治指導者が固く掌握しなければならないとする。スパイからもたらされた情報が敵からの欺瞞の企図や偽情報を含むリスクについては、政治指導者や軍事的指導者・指揮官の知見と能力によって看破しなければならないとしており、この前提がなければ『孫子』の戦略思想は成立しないことになる。

## †幅広いインテリジェンス論をめぐって

スパイの種類や敵のどこをターゲットに工作を仕掛けるかなどにも言及し、加えて、ベーシックインテリジェンスと呼ばれる地図や天候、戦闘前の偵察活動、地形データなど作戦・戦術レベルで必要となるものについても触れ、具体的な収集方法（たとえば威力偵察）や兆候（敵陣の兵士の様子など）の見分け方についても述べている。

また、自軍の企図が敵軍に知られるのを防ぐために、指揮官が自らの計画や企図を部下将兵たちとの共有を必要最低限にし、ときに行軍に際しても具体的な行き先については情報を与えずに戦闘直前にそれを開示するなど、味方に対しても非情に徹する必要性を説く。『孫子』のインテリジェンス活動全般についてはあまりにも楽観的で、理想論に過ぎるといった評価もある。事実、他の章で取り上げる戦略思想のなかには戦争や武力戦における情報活動について『孫子』とは正反対の評価をするものもある。他方、国家が総力を挙げて取り組む戦争に、たとえ努力目標ではあるとしても情報活動の価値を織り込む『孫子』を高く評価する声も強くある。

惟明君賢将の、能く上智を以て間と為す者のみ、必ず大功を成す。此れ、兵の要にして、三軍の恃みて動く所なり。（用間篇）
〔訳＝諜報工作員として最高の知性を有する優れた人物を使いこなすことのできる聡明な君主や有能な将軍だけが、戦争特に武力戦という大事業を確実に遂行することができるのである。諜報活動は、戦争特に武力戦の要をなすものである。軍は、これによって、一つひとつの行動（作戦・用兵）を効果的に進めることができるのである〕

三軍の事は、間より親しきは莫く、賞は間より厚きは莫く、事は間より密なるは莫し。（用間篇）
〔訳＝全軍の中で、諜報工作員ほど君主や将軍の近くに位置する者はなく、最高の報酬を受け取る。情報活動に関する問題以上に機密を要するものはない〕

能く士卒の耳目を愚(おろか)にし、之をして知ること無からしむ。(九地篇)

〔訳=名将は、自己の作戦・戦闘の企図・構想は、部下将兵といえども厳に秘匿しなければならない。これは対情報戦(カウンター・インテリジェンス)の要訣である〕

## †組織マネジメントとリーダーシップ

『孫子』の戦略を実行していく上で欠かせないのが政治指導者と軍事的指導者・指揮官のリーダーシップとマネジメント能力である。政治指導者と軍事的指導者の役割を明確に区分したことは先にも述べたが、前者については統治者としての一定の倫理観を持ちつつ、国家レベルの大戦略・軍事戦略についての決断を期待した。そして後者には軍事・作戦戦略を実際に実行していくなかで、専門的知見と臨機応変な指揮統率を期待している。

『孫子』の特徴の一つとして、兵士たちの能力にはさほど期待していないことが挙げられる。この時代の軍隊は主として徴募した人々で構成され、その兵士としての練度には自ずから限界があった。『孫子』は、烏合の衆に等しい軍隊を活かすも殺すも軍事的指導者・指揮官のリーダーシップとマネジメント能力次第だとする。先に攻勢と守勢について触れた際に、『孫子』は武力戦を決定した場合、敵国に長駆侵攻し、一気呵成に敵を撃滅するのを重視すると述べた。

## 非情な運用方法による「勢」

徴募された軍隊が敵国深くに一たび侵攻してしまえば、逃亡しようにも土地勘もなく、生き残るには戦いに勝利し、無事に凱旋する以外にはなくなる。こうした状況では、兵士たちが指揮官と一致団結することが期待できる。したがって、兵士たちにはどこに向かい、どこで敵と戦うかなどの情報を伏せて戦闘直前に開示し、生き残りたければ死力を尽くして戦うほかないことを諭し、組織的戦闘力として最大限のものを引き出そうとする。なお、兵士たちに対して常に非情一辺倒であることを説くわけではなく、普段からのいたわりや思いやりがあってこそ有事に死力を尽くしてくれるものとする。

『孫子』は「勢」という言葉を使い、文字通り勢いを適時適切なタイミングで兵士たちから引き出せるかを問い、一方で平素からの訓練などのあり方についてはほとんど触れていない。また、『孫子』は守勢に回り敵を迎え撃つことも重視したが、それを自国で行った場合、兵士たちが自国の家族のもとへと逃亡してしまうリスクがあるのを明確にしている。

　善く戦う者は、之れを勢に求め、人に責（もと）めずして、之れが用を為す。故に善く戦う者は、人を択（えら）びて勢に与（したが）わしむること有り。勢に与わしむる者は、其の人を戦わすや、木石を

転ずるが如し。（勢篇）

〔訳＝巧みに戦う者は、戦闘に突入する勢いによって勝利を得ようとし、兵士の個人的勇気には頼らずに、軍隊を運用する。そこで巧妙に戦う者は、人びとを選抜し適所に配置して、軍全体の勢いに従わせるようにする。兵士たちを勢いに従わせる者が、兵士たちを戦わせるさまは、まるで木や石を転落させるようである〕

## †武力戦のあり方の要旨

『孫子』は十三篇の各所で武力戦について多くの知恵を授けている。これまでの要旨を簡潔に述べておきたい。武力戦を決意した『孫子』の基本は、敵が予期していなかった戦略、作戦、戦術をそれぞれのレベルで敵に強要し、その能力や軍事力を低下させ減殺（げんさい）していくものだ。大戦略・軍事戦略レベルで情報戦・外交戦を仕掛けつつ、同時に作戦戦略・戦術レベルにおいても敵軍に対し、あらゆる策を使い翻弄し続けることを目指す。

作戦・戦術においては、自軍が会戦を強要したい戦場へと敵軍を導き、その過程で敵軍を分散させてその主力を弱めるように努める一方で、自軍は巧みに機動し、敵軍より数の上でも優勢を保ち、決戦を挑み敵軍を撃破・撃滅するのが理想的な戦い方となる。

なお、自軍部隊の機動力を重視する上で、自軍が土地や要点を守ることに固執するのを避ける一方、敵の守りが固い城塞都市などを軍事目標にして力ずくで攻め、高い犠牲を払ってまで攻略することを『孫子』は下策と考えている。そのような軍事目標を定める以前に別の軍事目標を検討せよとしている。

## †目標は戦争終結へと

軍事目標という考え方が一つの鍵になるが、『孫子』にとって軍事目標の決め方は常に戦争が終結することに繋がるべきものであるとした。敵軍の主力やその大部を撃破ないし撃滅すれば武力戦全体・戦争全体を終局へと持ち込める可能性を高く評価している。

ただし、どれほど有能な指揮官が将兵を率いたとしても、武力戦の限界を常に割り引いて論じており、敵軍全体に完全なる殲滅（せんめつ）を追求する発想はない。自軍の能力や限界も考慮しつつ、局地的な戦場においても徹底的な包囲殲滅までは目指さず、敵軍に逃げ口を用意する配慮を説いている。局地的な徹底殲滅、完全勝利を積み重ねても戦争が確実に終わる保証はなく、局地的な勝利であっても政治目的をある程度達成したら戦争を終わらせ、講和するべきとする。純軍事的な視座からは敵を殲滅することが合理的とされがちだが、そもそも純軍事的な視座だけに拘泥せず、常に政治的な視座との共存を迫るのが『孫子』の戦略思想の根本である。

夫れ戦いて勝ち攻めて得るも、其の功を隋わざる者は凶なり。之れを命けて費留と曰う。

（火攻篇）

〔訳＝そもそも戦闘に勝利をおさめ、攻撃して戦果を獲得したにもかかわらず、それがもたらす戦略的成功を追求しないで、だらだら戦争を続けるのは、国家の前途に対して不吉な行為である。これを、国力を浪費しながら外地でぐずぐずしている、と名づける〕

## 3 『孫子』とその時代——群雄割拠と弱肉強食

### †古代の独特な戦争様相

『孫子』を書き上げた孫武は紀元前五三五年頃に斉の国（山東省）で生まれたとされる。この時代は春秋時代（紀元前七七〇〜前四〇三）の後半にあたる。春秋時代の初期、周王朝は小国を含めると一四〇カ国以上で構成されていたが、次の戦国時代には七雄と呼ばれる七カ国へと淘汰されていった。その過程で数多起きる戦争の様相は変わっていく。

春秋時代の前半、中原の各国では身分階層が諸侯、卿、大夫、士、民などに分けられており、戦争には基本的には士以上が動員され、兵力も数万単位が限界であった。中原にある国が互いに武力戦を行うときには、馬数頭が引く兵車（戦車）に御者と兵士が乗り込み、互いに合戦する形式が主であり、その兵車をどのくらい常備しているかが軍事力の指標でもあった。この兵車を一線に並べて合戦する場合、戦場は平原などの地形に限られ、国同士であらかじめ場所と日時を決めて戦場で相まみえるといった戦争も生起していた。

戦闘が始まった後もどちらかの軍の形勢が乱れて組織的戦闘の継続が困難に陥り、敗走を始めた時点で勝敗は決まったものとして、それ以上の追撃によって殲滅を行うには至らなかった（それはまた技術的にも容易ではなかった）。こうした野戦は数日以内で終わることが普通であり、都市（城塞）などをめぐる攻城戦であっても攻防双方が持つ技術が未熟であり、加えて補給や兵站能力が貧弱なこともあり、長くて数ヵ月程度で終わった。春秋時代前半の戦争は総力戦からはほど遠い、限定された武力戦であった。

### †戦争のルールに変化

このような戦争様相が春秋時代後半になると大きく変わりゆく。それは中原から南方に位置する新興国家である呉（現在の江蘇省）の台頭が一つの原因であった。文化の中心でもあった中原からみれば、呉は未成熟な新参者であったが、中原の身分制度などに縛られず、軍事に関われるのは士以上に限られるとのルールもなく、一般の民も武装し、戦闘への参加を求められた。

このことにより呉は、その動員兵力を他国に比べて著しく増やした。また、中原の諸国では兵車が軍の主力であったが、呉ではそれが補助戦力として位置づけられており、歩兵を主力として軍が構成された。互いに兵車を使った戦闘となれば日時や場所をあらかじめ決めた武力戦も成立し得たが、歩兵が主力となり、兵車のように地形による制約を受けることもなくなった。森林、山岳、水沢なども踏破して機動することが可能となり、作戦行動の自由度が増して戦争の様相は変わり始めた。

彼我があらかじめ決めた場所で対峙し戦闘する一定のルールの下ではなく、どこでどのような合戦を仕掛けるかなど根本的なところから互いに騙し合い、出し抜き合う戦争が生起しはじめ、孫武はこうした変化の時代において活躍したのだ。

## †孫武の出自とキャリア

斉の国に生まれた孫武が具体的にどのような経歴を持っていたのかははっきりしていないが、呉の国にやってきたときには『孫子』の兵法を形にしていたことは確かだ。この兵法書を読む限り、孫武は戦争や武力戦を外から眺めて思索するだけの者ではなく、多くの国で軍事的指導者・指揮官として相当のキャリアを積んだと思われる。

新興ゆえに政治・軍事制度が未発達の呉の国に流れ着き、孫武は将軍としての登用を求めた。情報戦の大切さを指摘する孫武は、自らの登用を求めるにあたって呉の国王であった闔閭（こうりょ）についても徹底的な情報収集と分析をしたであろう。闔閭はいわばクーデターを起こして王の座を簒奪しており、倫理的な意味では名君とは呼べなかった。孫武はその闔閭に臣下である伍子胥（ごししょ）を通じて、書き上げた『孫子』を献上している。

なお、この伍子胥なる人物は楚の国からの亡命者であり、楚では代々高官の地位にあったが、政変に巻き込まれて父母兄などを誅殺（ちゅうさつ）され、命からがら呉の国に逃げてきている。楚の国への怨恨と復讐心に燃えており、心理的屈折を抱える権謀術数や外交に長けた臣下でもあった。

### †孫武の登用への賭け

闔閭は伍子胥に何度か薦められて孫武の謁見にようやく応じたが、その際に司馬遷の『史記』にあるように広場に居並ぶ宮廷の官女たち百三十人を使い、孫武の兵法の有効性を証明してみろと迫った。孫武は官女たちを並べて戟（げき）を持たせ、指示号令のもとに集団行動をするべく丁寧に説明を重ねたが、それでもなおふざけて指示に従わないので、隊長役の寵姫(ちょうき)二人を闔閭の制止も無視して斬り捨ててしまう。官女たちはそれに戦慄し、号令に従い動くことになった。

孫武は闔閭に対して、一度王の命令が下った後は、軍事の細部に関しては王命であっても時に受け入れられないとし、他方で官女たちの調練は完了したと報告している。不機嫌極まりない闔閭は一度孫武を下がらせたが、後に孫武を将軍として登用した。

## †楚の攻略に功績

孫武を登用した呉の国は隣の強国であった楚との戦争に勝利をおさめていく。闔閭は孫武に楚との戦争の仕方を諮問し、孫武は呉の国力や軍事力が十分になるまでは、楚の周辺に位置する同盟国（衛星国）を攻撃して撃破する程度に留めた。それによって確実に楚の力を奪い、呉の国力が十分になったと判断した時点で楚の国へと侵攻し、その主力を撃破している。その際に『孫子』の兵法を自ら巧みに使いこなし、陽動を仕掛けて主戦場と思しき場所を錯覚させて楚の主力を引きつけておき、呉の主力は別の場所に現れて楚の首都を一気に攻撃する姿勢を見せた。首都を防衛するべくあわてて引き返してきた楚軍の主力はそのときすでに疲弊しており、そのタイミングを狙って呉軍はこれを撃破している。

その後、呉軍は首都を目指してさらに深く侵攻し、その過程で連戦連勝を重ねて十日のうちに首都攻略に成功し、楚の王は逃亡した。これにより孫武の名は天下に知れ渡ったとされている。ただ、楚との武力戦に大勝利をおさめた闔閭はこれに気をよくして楚の城に居座り、権勢を弄び始めた。このあたりが孫武のピークであり、その後は徐々に歴史書から消えゆき、呉の国で孫武はどのように兵法者・戦略家としてまっとうしたのかは判然としてない。闔閭に失望して辞職したとも、政争に巻き込まれて謀殺されたともいわれる。

### †『孫子』の評価

本章の冒頭でも触れたが、周王朝が衰退する春秋戦国時代にあっては動乱と戦争が頻発した。そうしたなかで諸国は生き残りのために全力を尽くさねばならなかった。ただ、一国が隣国と武力戦に容易に訴え、勝敗の帰趨とは関係なく貴重な軍事力を少なからず消耗すれば、諸国が群雄割拠する弱肉強食のこの時代においては、今度は別の国から狙われることになる。こうした時代背景のなかで『孫子』の兵法は生まれてきている。

兵法書としての体裁は、基本的には君主などの政治指導者がその戦略思想を学ぶために書かれた指南書である。その叙述スタイルは孫武の結論を箴言的に述べるもので、具体的な戦史の事例などを細かく入れ込んで論証などはしない。したがって読者の自由な読み方を許容する。

『孫子』は国が持っている国力、資源、軍事力、経済力などを可能な限り効率的に使用して政治目的を達成することを説く。そのために、武力戦のみに拘泥せずに「戦わずして勝つ」ことを追求し、情報活動の重視などといった合理性に基づく戦略思想は、現代の感覚で読んでいてもそれほど違和感を覚えない。この時代において武力戦が達成可能な目標の限界をわきまえていたともいえる孫武は、武力戦に外交戦や情報戦を組み込み、ハイブリッドな戦争のあり方を説いた。

『孫子』では戦争に勝利するため、政治と軍事の役割を明確に分けたのも大きな特徴の一つだ。ただ、孫武自身は『孫子』の有効性を証明するかのように呉に鮮やかな勝利をもたらしているが、『孫子』が重視した政治と軍事の区別、政治指導者と軍事的指導者・指揮官の間にある一線、双方が越境するべきではない領域を、自らは兼務するような格好であったともいえる。

### †孫武の限界

孫武は楚との開戦の是非や時期についての王からの諮問に対する助言、戦争全体の作戦構想の具体化、一軍を率いての前線指揮など、政治指導者と軍事的指導者・指揮官の領域にまたがる八面六臂の働きぶりをみせている。闔閭にとっては利用価値を見出すことができる間は重宝するが、一度疎んじると自らの領域を侵す危険な存在にみえてきたに違いない。楚を打ち破り、闔閭が自らを頼み驕る気持ちが強まり、後に越との戦争に執心するあたりから両者の間に軋轢（あつれき）が生じている。

孫武が結局のところ何を求めて、生国の斉から新興の呉にやってきたのかは想像するしかない。春秋時代後半、周王朝はすでに衰退してはいたが、これにとって代わる政治思想はまださほど出現していなかった。孫武が一角（ひとかど）の人物である以上は自らの兵法を天下のために役立て、周王朝のもとによる天下の安寧と秩序を求める気持ちが強くあったのかもしれない。それは孔子が礼をもって求めたアプローチとは異なるが、目指した理想は同じであった可能性もある。孫武は闔閭が率いる新興国家で政治・軍事制度が未熟な呉を軍事的な強国に育てあげ、後で周を支える国となるのを夢見たのかもしれない。『孫子』には天下に安寧と秩序を求める孫武の思いが垣間見られ、その実現に向け武力戦のみを頼りとするのを戒めている。

第二章

# マキャベリ

ニッコロ・マキャベリ(1469-1527)

## 1 マキャベリの戦略思想①──性悪説に基づく権力観

### †中世から近代へ──軍事の変遷

前章では『孫子』の戦略思想と古代中国の戦争様相を取り上げたが、戦争は人類共通のもので古代より戦闘隊形を組むなど知恵を尽くしてきており、歩兵が密集隊形を組んで戦う古代ギリシャのファランクスなどが有名である。密集隊形が確認されるのは紀元前二十六～前二十五世紀頃のメソポタミアにまで遡るとされる。

紀元前十二世紀にはオリエントにおいてアッシリアが歩兵、槍兵、弓兵、投石兵、騎兵、戦車（兵車）、工兵などの軍隊を機能別に分けて協同し、戦闘に臨んでいる。紀元前四世紀になると戦闘隊形を戦場において左翼、中央、右翼などで臨機応変に形を変えて陣形をつくり、戦闘を行うようにもなった。

ほぼ同時期に古代ローマなども「ケントゥリア」（百人隊）、「マニプルス」（中隊）などの戦闘集団の基本単位をつくり、これをもとに軍団を形成し、実戦のなかで勝敗を重ねて陣形や戦闘方法を学習していった（ローマを侵略したカルタゴによって戦場で「包囲殲滅」され敗北したカンネーの戦いなど）。こうしたなかから紀元四世紀にもなると、戦略思想の原型ともいえる兵書（兵法書）がいくつか生み出されている。

西ローマ帝国が滅亡して中世となり、西欧に諸国が成り立って封建制になると、軍隊は古代のように歩兵優位ではなくなり、騎士を中心とした封建制軍隊となった。この時代の軍事制度では基本的に、国王の下に連なる諸侯や騎士が軍隊を提供しており、その規模も限られていた。なお、中世を通じて騎士が戦闘力として優位であったわけではなく、長弓（ロングボウ）など騎士の甲冑を貫く威力を持つ武器が使われるようになると、騎士もときには下馬し、歩兵のごとく戦うことを余儀なくされた。

中世が終わる十四世紀になると戦闘に火薬を用いた原始的な大砲が登場し、ほぼ同時期に古典古代の文化を復興しようとするルネサンスがイタリアで始まる。近代へシフトしていくなかで、諸国は海外貿易を通じて経済を拡大させて富の蓄積を目指し、それが国の形態をも少しずつ変えてゆくことになった。

これに伴い諸国の国王たちはその領土の拡大を望んだが、それまでの封建制軍隊では限界があり、傭兵隊をもってその補強戦力に充てることが始まった。傭兵隊とはその指揮官である傭兵隊長によって統率された職業的武力集団であり、王や諸侯は必要ベースでその集団と契約を交わし、その対価を貨幣で支払い武力戦を請け負わせた。

これによって騎兵を主兵とする比較的小規模な戦闘から、大規模な歩兵による戦争へとシフトしていく。ただ、傭兵隊が戦争に参加するのは報酬を得るためで、生活手段に過ぎない以上はそもそも戦意に乏しく、雇用者の命令に従わないことも多かった。また、敵兵を殲滅するような徹底した戦いを好まず、捕虜をとることで身代金を要求するやり方を好む傾向もあった。

## †傭兵隊の存在

傭兵隊が主力となる戦争はどこか真剣味に欠けており、どちらかが優勢になって他方を形勢の上で追い込めば、降伏して捕虜となるのが暗黙の相互了解事項のようなものであった。戦闘によっては戦死者数名で、捕虜が数百人に達する事例もあったとされる。

傭兵隊と契約するには多額の費用が求められるが、戦闘において頼りにし過ぎると手痛い思いをすることを知る国王たちは、傭兵隊を使用した決定的な会戦を追求するのを避けながら、その軍事力を十分に示威することで自国の政治目的の達成を目指した。この時代、イタリア諸国などでは戦争をする理由の多くは経済的利益と国富を増やすことであり、徹底した武力戦を遂行するという考え方はあまりなかったといえる。

それが十五世紀末から十六世紀のはじめにかけてフランスがイタリア諸国に侵攻したの

を機に変わり、戦争の文字通り武力戦としての側面が強く押し出されてくる。それまでのイタリアはフィレンツェ、ナポリ、ヴェネツィア、ローマなどの五大国に分かれており、互いに牽制しつつ政治的な均衡を保っていた。この時代の変わり目に生まれてきた戦略思想家の代表ともいえるマキャベリを本章では取り上げたい。西欧の戦略思想が本格的な歩みを始めるのはマキャベリをもってその嚆矢(こうし)ともされる。

### †ベースにある性悪説

道徳的に問題のある手段であっても、結果的に利益をもたらすのであればよしとする考えであるマキャベリズムで有名なニッコロ・マキャベリは、戦略思想を学ぶ上で重要な存在である。マキャベリは十五〜十六世紀にかけてイタリアの都市国家フィレンツェにおいて、職業人としては前半生を政府の役人(書記官)、後半生を著述家として生きた。

マキャベリが著した『君主論』『ディスコルシ(政略論)』『戦争の技法(戦術論)』などは主要著作として扱われ、これらはすべて日本語訳で読める。『君主論』はわりと一般的に読まれるが、『ディスコルシ』『戦争の技法』などは今日それほど読まれていない。本書ではこれらの三作品のエッセンスに触れながら、マキャベリの戦略思想について述べていきたい。

マキャベリについて各論に入る前に、その基本的な考え方について述べておきたい。これはいわゆる性悪説という言葉で示せるが、人間の本質は野心と貪欲であり、こうした人間が自ら共同体で秩序をつくり出すのは期待できない。力や恐怖を人間の外側から駆使することで服従させてはじめて、秩序が生み出されると考える。ヒューマニズムなどが支配する共同体や国家というものは幻想に過ぎず、力を強制的に用いて国家を存立させることが必要だとする。

### †権力装置「ステート」という考え方

マキャベリはその中核において、権力を握る人々・権力装置を「ステート」(state) という言葉で総称する。現代ではこの言葉は単純に国家と訳されるが、そうなるのは十九世紀以降のことで、この時代は国家や共同体ではなく単純に権力を意味した。なお、ここでの権力とはそれに伴うことが期待される道徳的・倫理的な要素は含まず、そうしたものとは無縁のむき出しの専制支配を指していた。

このステートが有する外側からの強制力といったものが、マキャベリの思想的な一つの核心として織り成されている。それは古代のプラトンにみられるような理想主義的な共同体や国家を考えず、人間が持つ理性的な要素を開花させるような機能を国家には期待しないというものだった。マキャベリは君主政と共和政の両方について幅広く論じているが、結局のところ、どの政体が一番よいのかについては態度を明らかにしていない。

彼の関心は政体の形態にかかわらず、ステートをいかに効率的に使用できるかといったアプローチが主であり、国家がステートを用いて軍事をどのように機能させるべきかといった視座が中心となる。

政治と軍事の関係をどう考えたかを端的に述べておくと、政治と軍事には密接な連関があり、政治機構と軍事組織は相互関係にあるというのがマキャベリの戦略思想上の中心にある。ただ、軍事組織と密接にある政治機構が何を理想として目指すべきか、どうあるべきかといったことについてマキャベリは関心を示していない。

ところで、すべて国家の基礎は立派な軍隊にあり、これなくして立派な法律も、他のよい事柄もありえないことは、先に述べた通りである。しかし、ここで重ねて述べるのも無駄ではないと思う。（『ディスコルシ』第三巻三十一章）

## †狐と獅子の性質を求める『君主論』

マキャベリの作品の中で最も有名な『君主論』（一五三二年刊行）は、君主政のもとで権力の掌握と維持はどうすれば可能であるかについて論じ、その手段としての軍事について述べ、君主たるものがいかにそれと向き合うべきかを展開してゆく。君主が保つべき姿勢については、「獅子」と「狐」のたとえでよく巻でも引用される次の一文にそのエッセンスが凝縮されている。

君主には獣を上手に使いこなす必要がある以上、なかでも、狐と獅子を範とすべきである。なぜならば、獅子は罠から身を守れず、狐は狼から身を守れないがゆえに。したがって、狐となって罠を悟る必要があり、獅子となって狼を驚かす必要がある。（『君主論』第十八章）

先のステートのあり方について具体的に踏み込んだ形になるが、このように君主は奸智と強制力に長けていなければならないとする。君主が自らの権力を維持するためには法と力の両方を巧みに使い、そして、必要とあれば信義、慈悲、人間性、宗教にも反して行動しなければならない。

君主にとって必要な基盤は**「良き法律と良き軍備」**であり、その政体を守るための軍隊として自国民で構成された自軍、この時代のスタンダードでもあった傭兵軍、外国からの援軍、それらが混ざった混成軍などについて言及する。その上で、傭兵軍と援軍は頼りにならずリスクを孕むとする。このことについては改めて触れたい。そして君主は戦争を行うこと、それを可能にする軍制を整えること、軍事訓練を施すことが何にもまして重要な仕事であるという。

## †君主は「運命」を引き寄せねばならない

また、君主は歴史書を読み込み、歴史上の人物たちが戦争でどのような作戦を講じたかをなぞり、その勝因と敗因を知った上で自らがそれを巧みに使いこなせるように努め、変わりやすい「運命」(運命の女神・フォルトゥーナ)に備えねばならないとする。

マキャベリがこの時代において異質なのは、「運命」に対する考え方であり、それはこの『君主論』のなかでも言及されている。当時は世の中のことは神が定める「運命」に支配されていると考えるのが普通であったが、マキャベリはこの考え方を取らない。物事の半分は運命を司る女神に支配されたとしても、残りの半分は自由意志でどうにでもなるはずだと考え、君主は慎重であるよりも果敢に、力ずくでも運命を引き寄せるべき強さを持たねばならないとする。

この考え方は『君主論』に限ったものではなく、『ディスコルシ』でも基本的には貫かれている。

私たちの自由意志が消滅してしまわないように、私たちの諸行為の半ばまでを運命の女神が勝手に支配しているのは真実だとしても、残る半ばの支配は、あるいはほぼそれぐらいまでの支配は、彼女が私たちに任せているのも真実である、と私は判断しておく。

（『君主論』第二十五章）

## †ギリシャやローマをモデルにした『ディスコルシ』

『ディスコルシ（政略論）』は古代ギリシャやローマなどを主なモデルとしながら、共和政を中心にそれぞれ他の政体のもとで権力のあり方や国家運営の仕方について論を展開する。ちなみに『ディスコルシ』は『君主論』に比べて分量こそ多くなるが、さほど複雑な論理展開でもなく、時間をかければ通読するのはそれほど難しくはない。

『ディスコルシ』では政体の形態に関係なく、国家とは領土や覇権を拡大していくのを目論むもの、現状維持を目指すものなどのタイプに分かれるとしている。そして長期間にわたって国家が存続するためには、侵略しにくい地形を選んで都市をつくり、国内を整備し、他国からみて容易には攻略することができないと思わせるに足る十分な防衛力を保持するべきだという。

しかしながら、それがあまりに強大化してしまえば周辺国が過度に脅威を感じるため、警戒心を高めさせるのは得策ではないと釘をさしている。その理由について「征服」といった言葉を持ち出し、マキャベリは『ディスコルシ』のなかで次のように言及する。

国家に対して戦争をしかけるためには、二つの動機が認められるからだ。その一つは、征服して支配権を獲得するためであり、いま一つは、自分が征服されまいとする恐れから出るものである。(『ディスコルシ』第一巻六章)

したがって、国家が適切な防衛力を持っていれば、他国がそれを侵略して征服しようとするリスクは低減される。加えて、その国家が理念や法律などによって領土拡大などを明確に禁止すると高らかに宣言し、他国にそれを周知するべく努めていれば、戦争自体が起こらず、マキャベリがいう模範的な政治生活や真の平和も望み得る。

### †国防のために宗教も手段として利用

ただし、世の中の「運命」は移ろいやすく常に理性的ではいられず、周辺の情勢次第では領土不拡大などといった考えは放棄を迫られる。そうなれば国家の基礎がぐらつき、根底から変わってしまうとして、その平和の望みも打ち砕いている。

これはマキャベリの叙述スタイルの特徴といってよいと思うが、一つの方向性を明示しておきながら、同時に逆の可能性へと急展開させる傾向があり、結局のところマキャベリ自身が何をどれほどに信じていたのかをわかりにくくする側面があるのは否めない。

そして何かを敬虔に信仰することから無縁であったマキャベリは、宗教も国防のために手段として活用するべきだとも述べている。『ディスコルシ』のなかでは国家の礎として宗教を巧みにマネジメントすれば国内の秩序維持や一体感も強化されるとし、国家権力や軍事力を機能させるために役立つかといった視座で展開しているのだ。

共和国や王国の主権者は、自分たちの国家が持っている宗教の土台を固めておかなければならないのである。こうしておけば、何の苦もなくそれぞれの国家を宗教的な雰囲気にひたしておけるし、その結果、国内の秩序は整い、その統一も強固になるものである。たとえ眉唾ものだと思われるようなものでも、宗教的雰囲気を盛り立てていけそうなものなら、何でもそれを受け入れて、強めていくようにしなければならない。(『ディスコルシ』第一巻十二章)

## †『戦争の技法』で用いた手法

『戦争の技法（戦術論）』は一般的にはマイナーな作品である。過去には軍事史学の権威と呼ばれた人たちから、古代ローマの軍制を理想化して論じ、空想の域を出ないと手厳しい評価もされてきた。現代でもこうした批判をすることはたやすいが、マキャベリが生きたルネサンス時代、世の中で起きる事象は、古代に存在していた理想的な時代から堕落してしまった低水準ゆえのものと考えられていた。そして、過去を省みることは本来のあるべき姿を蘇らせるために必要とされた。マキャベリもまた、軍事を考える上でこの方法を適用した結果が『戦争の技法』である。

ただし、彼は歴史家のように過去に対して実証主義であったわけではなく、あくまで古代に存在した軍制や軍事史のなかから浮かび上がる法則や原則が、彼の時代にも通じることを示すのに重きを置いている。『戦争の技法』はいまでこそマイナーな作品であるが、マキャベリの生存中に軍事を論じる作品として唯一刊行されたもので、当時はかなりの評判を呼んだ。

この作品はフィレンツェの貴族と傭兵隊長ファブリツィオとの架空対話の形で著述され、全七巻で構成されている。その緒言において、市民（国民）が軍事をなおざりにして、自分たちの生活とは関係のないものにする風潮を危険視している。市民として享受できる生活や制度も、軍事制度によって守られているからこそ成立するものだとして、次のような比喩で戒めている。

軍事上の防衛策の支援がなければ、すぐれた市民的制度があったとしても、とてつもない混乱に陥ってしまうことは必定です。それはたとえて言えば、宝石や黄金で装飾されていようと屋根に覆われていなければ、壮麗なる宮殿の住人が雨風から自身を守る術にも事欠くようなものです。(『戦争の技法』緒言)

## †市民軍の創設を主張

マキャベリはこの作品のなかで、当時の主流であった傭兵軍が油断も信用もならず、実用や能力も期待できないと断じている。そして、代わりに祖国への献身を期待できる市民兵制を導入し、市民軍をつくることを主張した。

軍隊の創建にあたっては、兵士となるにふさわしい者を見いだし、彼らに武器を与え、その編成を考えるとともに、大小の隊伍において彼らを訓練し、また彼らを宿営せしめ、

布陣や行軍にあたって彼らを敵勢に押し出すための工夫が不可欠である。(『戦争の技法』第一巻)

この前提で『戦争の技法』の内容は多岐にわたるが、簡潔にいえば、武器、訓練、行進方法、指揮系統、築城といった軍事技術的な側面に焦点を当てることに加えて、実際の戦闘において要求される精神的な側面、たとえば勇敢、忍従、情熱、獰猛さなども重視して論じている。そして、古代ローマ軍の数々の部隊構成、指揮系統、戦闘隊形、部隊運用、野営や攻城の方法を紹介し、それを市民軍にも一部採用するべきだとする。

### †マキャベリの戦争観と戦争目的

ここまで『君主論』『ディスコルシ』『戦争の技法』を簡単に紹介してきたが、マキャベリの戦略思想はこれら三作品を通じておおむね掌握できる。ここからさらにその戦略思想のエッセンスを挙げていきたい。まず、マキャベリは戦争自体をそもそもどのように考えていたのだろうか。『君主論』『ディスコルシ』から浮かび来るのは、戦争が避けられないもので恐ろしい力の発露であるが、どこか崇高さを帯びるものとして捉えている。

平和については可能性のレベルで言及されるが、それが望まれるというはっきりとした主張はない。国家や支配者がその領土を拡大したいという征服欲に駆られるのは自然であり、政体の違いは関係ないとする。いわば戦争を、政治が活動していくなかの一つの本質的なものとして位置づけている。そして、戦争の目的とは自分の意志を相手に対して強要するものであり、より具体的には敵を征服して自らの利益を確保するものとした。

政策的な配慮による場合でも、また野心にかられた場合でも、戦争の目的は征服することである。また征服したその土地を確保してこれを維持し、繁栄に導き、征服地も本国もともに豊かにして貧しくならぬように手を打つことである。(『ディスコルシ』第二巻六章)

### †財力だけでは国防は成立しない

支配者は戦争に際しては、自らの実力をしっかりと見積もらねばならないとする。その実力とは、一つは当然ながら軍事力であり、財力もそこに含まれる。ただし、戦争では財力の多寡だけでは決め手にはならないというのがマキャベリの思想の特徴でもある。

国家が莫大な財力を持っていても、きちんと機能する軍を持っていなければ国家の安全保障は保てず、軍の実力と財力を混同して国力を見誤ることは厳に慎まねばならないという。財力は軍事力を補完することはあっても、それにとって代わることはできないとする。

誰でも戦争を始めようと思えば、いつでも好きな時にこれを始められるが、やめるときにはそうはいかない。だから、君主たるものは戦争を始めるにあたって、自分の力をよく計算し、それに従って目論見を立てるべきである。……自分の実力をおしはかるのに、金の力や地形の利だけで計算するか、……同時に自国の軍隊の強さを計算に入れなければ、いつも思惑はずれとなってしまうだろう。……もし忠良な軍隊がなければ、そのものだけの力では無であり、何の益ももたらさないからだ。(『ディスコルシ』第二巻十章)

## †同盟のあり方と依存について

軍事同盟についてマキャベリは、古代ギリシャやローマなどで用いられた三つのタイプを例に出して論じるが、根本的には同盟を国力を増大させるための手段として捉えている。一つ目のタイプとしては、数カ国が集まって同盟を結ぶもので、同盟国間は原則として平等であり、互いに命令を発する関係にはない。そして、そのなかの一つの国家がどこか同盟以外の国の征服を試みる事態に至ったとき、他の同盟諸国がそれを支援する仕組みである。二つ目のタイプは、ある国家と諸国が同盟を結ぶ際に、その一国が優越した地位と命令を発する権力を確保しておく仕組みをもって取り交わすものだ。三つ目のタイプは、相手国と同盟関係を結ぶというよりは、支配と従属の関係に組み込んでしまうものである。

マキャベリはこれらの同盟のメリット・デメリットを説きつつ、二つ目のタイプが最善であり、一つ目のタイプが次善、三つ目のタイプが維持を含めて簡単ではないとしている。ただし、マキャベリの基本は自国の防衛については十分な軍備をもって自力で行うのが原則であり、必要以上に同盟やその援軍に期待することを戒めている。

地理的に遠隔の地にあるために実際には援助に赴けないとか、あるいは国内が混乱していたり、またはその他の理由で他国への援助など思いもよらないような君侯と同盟を結ぶことは、援助をあてにしている当人にとって、実際の援助よりは、その虚名だけを持ち込む結果に終わるだけの話である。(『ディスコルシ』第二巻十一章)

## 2 マキャベリの戦略思想②――指揮権の統一

### †戦争は短期戦での主力決戦を

戦争が生み出す戦闘には数々の不確実性や錯誤が介在し、多くのリスクがあることをマキャベリはその全般で認めている。これを踏まえて『孫子』が「兵は拙速を貴ぶ」といったようにマキャベリもまた戦争を短期間で終わらせるべきだと考えている。

戦争に先立って第一に心することは、……戦争は短期間のうちに大軍を密集して圧倒せよということだ。（『ディスコルシ』第二巻六章）

そのためには、展開される数々の戦闘を迅速に終わらせていく必要があり、敵軍が自軍よりも相当劣勢だと看破しても、数の上で十分な軍隊を自軍は動員するべきだとする。そして戦闘に際しての作戦目的のあり方については次のような一文にそのエッセンスが凝縮されている。

軍事教練における努力の一切は敵軍と相まみえ一戦に及ぶことに集中されている。というのも、これこそ将軍が目指さなければならない唯一の目標であり、合戦こそ貴兄に対し戦争の勝敗をあきらかにするその当のものに他ならないからだ。（『戦争の技法』第六巻）

言葉を変えていえば、ここでは主力決戦と殲滅戦略が指向されている。これはマキャベリ以前の中世における戦争様相とは一線を画す主張であった。

### †進撃して敵の領土で戦うか、自国で迎え撃つか

戦争は敵国内と自国内のどちらで行うのが適当なのかといった問題に対して、マキャベリはそれぞれ君主が率いる実力が拮抗する二つの国家があり、一方が戦争をしかけ、他方がそれを受けて立つ場合を仮定している。この場合、受けて立つ側が自国で敵を迎え撃つべきか、それとも敵国に進撃してそこで敵を攻撃するべきかを考える。

マキャベリはそれぞれのメリット・デメリットを説く古代の戦史や論者の意見を紹介する。そして、敵国に出撃して自国の防衛を図る場合、一度の戦闘でもって大きな勝利をおさめるならば、敵が軍を再編成する暇なく一気に首都などを直撃でき、敵の軍事力を支える資源の活用を難しくさせ、敵の同盟が機能する以前に分断させられるなどといったメリットを挙げる。

敵を自国に引き込んで迎え撃つ形で防衛を図る場合には、敵が不慣れな自国内で戦うことを強要すれば、敵軍はかなりの不自由を迫られることになり、一方で自軍は自国の知り尽くした環境で有利な戦いを展開できるというメリットを挙げる。

さらに両論を俯瞰した立場の論者の意見を紹介するなかで、敵国に撃って出る軍隊は、自国内で戦う軍隊に比べてより一層の緊張や敵愾心などが増すことが期待され、その実力が引き出されやすいという側面に触れている。そして、自国内で迎え撃つ方が、一度の戦闘に敗れたとしても撤退場所の選定や敗残兵の収容と部隊の再編成など、勝手を知り尽くした自国ゆえに容易であるというメリットを挙げている。

要するに、自国が戦場になっている以上は全力を尽くすが、一戦一戦にすべてを賭ける必要がなくなる。この論を逆にいえば、敵国に自軍が攻め入った場合は一戦ごとにすべてを賭けなければならないが、全実力を確実に発揮できるとは限らないということになる。

### †兵制を重視する考え

様々な論者の意見や見解を紹介しつつ、マキャベリ自身はどちらの考えに軍配を上げるかというと、どのような兵制を布いているか次第だとする。古代ローマの国民皆兵で構成された市民軍を持つ場合と、そうではない場合（傭兵軍などが主体等）に区別して考えるべきだとしている。

前者であれば他国を攻撃するよりも、自国が攻撃を受けているなかで抵抗するときに最もその実力を発揮されるのであり、自国内で敵を迎え撃つべきである。後者の場合、傭兵軍はもともと能力や実力に問題があり、それらを養うのに必要な財力や経済力の基盤がある自国を戦場としてしまえば大損害を被る可能性が高いので、自国内での戦いを避けるべきとした。もっともこれは一つの考え方であり、マキャベリは状況を鑑みて適切な方法を編み出すべきとする慎重な一文を付け加えるのを忘れてはいない。

武器を手にして戦争の訓練を受けている人民を擁するような君主なら常に、強力で危険きわまる戦闘を自国内に引き寄せておいて戦うべきだ。決して敵を求めて出撃してはならない。けれども、臣下が武器も帯びていないし、国全体が戦いに不慣れな場合には、その君主たるものは、戦いをするなら必ず戦場を本国からできるだけ離れた所に置かなければならない。いずれの場合にしても、それぞれ自分に適った方法で防御するのが一番よろしい、ということになる。(『ディスコルシ』第二巻十二章)

### †指揮権の統一について

作戦全体の指揮権について、マキャベリは基本的に一人に任せることが必要だとする。国家が共和政の場合は、かつてローマが執政官の権限を帯びる護民官を複数戦地に派遣したが結果的に仲違いし、苦戦したという事実があり、そこからローマが「臨時独裁執政官」の制度を復活させたことを例に挙げる。そして、作戦を司るトップの指揮官は一人に限られるべきで、その数が多いと不幸を招くという。

なお、その派遣された指揮官の権限については法律できちんと枠をはめて縛ることを忘れてはいない。そして、国家が君主政であるならば、その指揮権を傭兵隊長などの他者に委譲するのを是としない。委譲された者が優秀過ぎれば、それは軍を持って君主の地位を脅かす可能性があり、無能であれば戦闘に敗れて君主を破滅させるリスクがあるとする。この場合は君主自らが陣頭で最高指揮官を務めるべきだとした。

> 作戦の指揮官を派遣するにあたっては、二人のきわめて実力ある者を同じ地位に据えるよりも、十人並みの判断力を備えた、唯一人の人物を任にあてるほうが、はるかに好ましい結果が得られる。（『ディスコルシ』第三巻十五章）

> 君主ならばみずから陣頭に立って指揮官の役割を果たさねばならない。共和政体ならばその市民を派遣しなければならない。そして派遣した市民の一人が有能でないときには、これを他の者と交代させねばならない。そして有能であるときには、彼を法律で規制し、権限を逸脱しないようにしなければならない。（『君主論』第十二章）

## †訓練・規律・統率のスタンス

戦争が始まり戦闘が起きたとき、敵味方の双方に自由意志がある以上は、一方が目論む作戦通りに物事は運ばず、混戦から次第に激戦となっていくことも多い。そうなると部隊は恐怖に駆られて命令に従わなくなり、兵士個人や集団が勝手に部隊から離脱することもある。また、戦闘の前後に指揮官の命令に従わず、略奪に走る場合もある。

こうしたリスクを最小限にするべく、平時からの軍隊の訓練と軍紀（規律）の維持の大切さに触れ、これによって戦場で求められる団結心が養われるとする。マキャベリは兵士の勇敢さなどの人間的資質が戦闘には必要であるとしつつも、それだけでは十分とはいえず、命令への服従と規律の維持こそが作戦成功の要としている。

ただし、平時からの訓練をどれだけ積み上げたとしても、部隊を統率する指揮官の振舞い次第では台無しになるとし、その統率の仕方には寛容さよりも峻厳さを求めている。

君主が軍隊を率いて多勢の兵士を統率しているときには、その場合には、冷酷という名前を気にする必要はまったくない。なぜならば、この名前なくして軍隊の統一を保つこともできなければ、何らの軍事行動を起こすこともできないから。（『君主論』第十七章）

マキャベリはローマの名将たちに何度も勝利を重ね、ローマ自体を敗北の寸前にまで追い込んだカルタゴの武将ハンニバルの統率スタイルなどを例に引き、過度な慈悲は規律を緩くしてわがままな兵士たちを生む結果になると戒める。なお、君主や支配者が冷酷さを持つことは戦場における部隊の統率や軍事といった領域に限らず、政治レベルでもマキャベリは同様の思想を持っている。

君主たる者は、おのれの臣民の結束と忠誠心とを保たせるためならば、冷酷という悪評など意に介してはならない。（『君主論』第十七章）

## †決戦の条件と指揮官への助言

マキャベリは『君主論』『ディスコルシ』『戦争の技法』で戦争の様相と戦闘の実態について歴史を紐解きながら、指揮官が指揮統率やマネジメントにあたって留意するべきことを各所で具体的に展開するが、特に決戦が生起するに至った場合のそれらのあり方を重視している。繰り返すが当時のイタリアの諸国は傭兵軍に依存するのが主流であり、諸国の首脳たちは戦争をわかっていないにもかかわらず、ときに立派な指揮采配ぶりを見せつけようとして失敗ばかりしているとして非難する。
こうした状態で戦争に際し、雌雄を争う決戦にどう向き合うべきかを論じている。マキャベリは、決戦は敵味方の双方がそれを回避することを望んでいる段階では生起しないが、どちらかが決戦を望んだ場合にはそれを避けるといった選択肢は制限されるとした。

戦場にある将軍には、敵があらゆる手を用いて決戦を挑んでくれば、どんな場合でも避けることはできない（『ディスコルシ』第三巻十章）

こう喝破する一方で、自国の軍隊が決戦に挑む能力も意志もないのであれば、敵と十分に距離をとっておき、敵が決戦に挑んできたら素早く撤退するか、あるいは敵が自国の領土を略奪するのを眺めながら都市に籠城して戦うといった選択肢も示す。しかしながら、これは危険や失うものも多いので、たとえ一か八かでも決戦にわずかな好機を見出せるならば、それに向けて指揮官が部下将兵に最大限の実力を引き出すべく、工夫を凝らすことを提言する。特徴的なのは、逃げ場のないところで兵士たちに死力を尽くさせるといった考え方である。

古代の将軍は、必要性(ネチエシタ)が発揮する威力(ヴィルトウ)についてよくわきまえていたばかりでなく、部下の将兵にどうしても戦わなければならぬ気持があれば強い攻撃力を発揮できることも知っていたので、このような条件のもとに部下を置こうとあらゆる策を講じたものだ。

(『ディスコルシ』第三巻十二章)

指揮官は冷酷や峻厳さを持たねばならないが、部下将兵に死力達成を納得させるためにも、指揮官はときに言葉を巧みに使いこなして全将兵を説得しなければならないとする。

実際司令官が雄弁を心得ずあるいはそれを用いなかったがため一軍が壊滅に追い込まれるという事態が、史上数限りなく生じている。なぜならこの弁舌の業こそが恐怖を取り除き魂をかき立て、頑強さを増し加え奸計を見抜き、褒賞を約束し危険とそこからの脱出法を教示し、動揺を取り鎮め兵士たちに懇願や脅迫を行い、彼らを希望に満ちあふれさせ賞賛や罵倒を浴びせかけるなど、人間精神を委縮させたり活気づけたりする決め手となる事柄をもたらすものに他ならないのである。(『戦争の技法』第四巻)

## 3 マキャベリとその時代――傭兵隊から市民軍へ

### †マキャベリとその時代

ニッコロ・マキャベリは一四六九年にイタリアの都市国家フィレンツェに生まれた。当時、ルネサンス時代のイタリア半島は南にナポリ王国、ローマを中心に法王領、北にはフィレンツェ、ヴェネツィア、ミラノなどの五大国を中心として都市国家が群立していた。マキャベリが生まれた当時、フィレンツェは形としては共和政でも、メディチ家が実質的に支配をしている軍事的には脆弱な都市国家であった。マキャベリの家系は十三世紀来の名家であったが、彼の父ベルナルドが法律家を務めたときにはフィレンツェ郊外に小さな土地を持つ程度の中流家庭になっていた。

ベルナルドは当時まだ高価であった本を蔵書として持つことを好み、マキャベリはそうした知的環境に身を置いたと思われるが、彼自身は大学に進学していない。なお、ベルナルドの蔵書の目録はある程度わかっているが、そこには宗教関係のものだけは一冊もなかった。これはマキャベリが後に宗教を手段として割り切る考えに至るのに、少なからず影響を与えた可能性がある。

### †シャルル八世のイタリア侵入

一四九四年、フランス王のシャルル八世がイタリアに侵攻を開始し、それまでフィレンツェを支配してきたメディチ家は追放され、フィレンツェは実質的な君主政から共和政を目指すことになった。体制が変わりゆくなかで一時支配層だった修道士ジローラモ・サヴォナローラが失脚して処刑された後、一四九八年にマキャベリは二十九歳でフィレンツェ政庁（政府）の第二書記局書記官に選出されている。

第一書記局が外交、第二書記局が内政と軍事を職掌とする一応の取り決めはあったが、マキャベリは後にそうした垣根を越えて活動していく。なお、書記官のポストは現在の中央各省庁でいう課長級に相当し、その下に第一補佐、第二補佐、局員などが配置された。さらに、書記官を拝命してまもなく外交や軍事を取り扱う「十人委員会」の秘書官にも任命され、これ以後、一五一二年に失脚するまでこの地位に留まり、外交官と軍事官僚の両方の役割を担いながら活動する。

一五〇〇年にフランスへ派遣されたときに、マキャベリは自国民が武装して構成された軍隊とそれを君主が最高指揮官として統率するシステムを目の当たりにした。一五〇二年から一五〇三年にはフィレンツェの侵略を狙うヴァレンティーノ公チェーザレ・ボルジアとの外交を担当しつつ、その経験をもとに論文を書き上げるなど着実にキャリアを積んでいった。

シャルル八世の侵入以降、何かにつけてフィレンツェには政情不安がつきまとい、政府機能を強化するために、それまでは一年任期だった「大統領制」に終身制が取り入れられている（終身執政長官制度）。この地位に就いたピエロ・ソデリーニの信認を受けて、マキャベリは自らが理想とする軍事改革へと進んでいくことになった。

### †傭兵軍団の実態

これまで述べたように、この時代のイタリアの戦争とは基本は傭兵が受け持つものであった。傭兵制度においては、傭兵隊長をトップとしてその実力に相応した傭兵を抱えており、規模はまちまちであった。傭兵隊長は雇い主であるそれぞれの都市国家と年単位で契約を結ぶことで成り立っており、それまではフィレンツェ軍といえば複数の傭兵部隊で構成されるものに過ぎなかった。

傭兵制度がイタリアで受け入れられた理由の一つとして、市民を戦場に狩り出し、市場での働き手を減らして経済にダメージを及ぼすよりは、市民はそれぞれの仕事に専念させて経済を回し、そこから上がる税収で戦争を生業とする者たちを雇うほうが合理的との考えがあった。こうした需要から生まれた傭兵も戦うことを職業としながら、そこから報酬を得て生きていくので、イタリアで起きた戦争では敵を本気で殲滅するような戦い方はほとんどなかった。

しかしながら、シャルル八世がイタリアへ侵入したとき、フランス軍はそうしたイタリアの特殊事情などはおかまいなく本気で戦争を仕掛けており、これ以降、傭兵部隊の無力ぶりが露呈されることになった。

## †ピサ戦役の失敗

このシャルル八世のイタリア侵入はフィレンツェに様々な余波を与えたが、そのなかの大きな一つはフィレンツェにとって海への出口となりその経済的基盤を支え、実質的に領有していたピサが混乱に乗じて独立してしまったことだ。これを再領有することがフィレンツェとしては優先課題となり、マキャベリもまた軍事的解決しかないと考え、必要とされる軍の規模や費用などを政府内で提言している。

一四九九年、複雑な国際情勢のなかで傭兵によって構成されるフィレンツェ軍はピサへの進撃を開始し、砲撃も行いその砦や城壁を一部破壊して追い込むことに成功したが、フィレンツェ軍の指揮官であった傭兵隊長が独自の判断で撤退している。この傭兵隊長は後に怒ったフィレンツェ政庁によって処刑された。

翌年の一五〇〇年には、フィレンツェ政庁はフランス王ルイ十二世に頼み、その配下の軍勢を傭兵として使わせてもらう契約を多額で締結した。ルイ十二世から借り受けたのはスイス傭兵を主体とした部隊であったが、その規模も七千五百人を超え、ピサを攻略するには十分であった。

しかしながらその指揮官たる傭兵隊長は、フィレンツェ政庁から軍監として派遣されていた官吏が早期にピサ攻略を命じてもなかなかそれに従わず、終いにはピサ周辺一帯で略奪を始めるに及んだ。ようやくピサへの攻撃を開始し、その城壁を破壊するまではしたが、激戦が予想される市内への進撃を拒み、またもや勝手に撤退を始め、フィレンツェ政庁はそれを止めることができなかった。マキャベリはこうした傭兵の体たらくを見せつけられ、傭兵軍団は頼ってはならないとの結論に至った。

## †市民軍創設へ

ピサ戦役が惨憺たる結果に終わった後、マキャベリはソデリーニ政権のもとで軍制改革を実行していく。それに先立って一五〇五年には「フィレンツェ臣民の軍隊への組織化についての論説」という提言を発表し、自国民で構成された軍隊の組織化を説き、フィレンツェの農村地帯から徴兵を開始した。集められた人々は歩兵として訓練を受けることになり、一五〇六年にはフィレンツェの広場で四百人程度の規模ではあったが、長槍や小銃を担いだ兵士たちによる閲兵式が催された。

マキャベリが構想した有事に召集される市民軍の規模は五千人程度の歩兵が主力であり、百五十〜二百人程度で小隊をつくり、小隊三〜五個で中隊、中隊が十一個で大隊を構成するものとした。これに加えて、若干の騎兵や弓兵なども加えることにした。大隊長は指揮権を持つが、いわば文民統制として、外交と軍事を担当する「十人委員会」がこの大隊長に対して有事には統制ができる仕組みを取り入れた。この市民軍を主力としたフィレンツェ軍は、一五〇九年にはピサに対して攻略を仕掛けて勝利をおさめ、その再領有に成功した。この体験がマキャベリの思想に大きく影響を与えたことは想像するに難くない。

### †マキャベリの失脚とその後

このピサ再領有などの間にも、マキャベリは外交官として政府から命を受けて活動している。一五〇八年にはイタリア侵攻を目論む神聖ローマ皇帝のもとへ赴き外交交渉を行い、メディチ家を支援するローマ教皇ユリウス二世のフィレンツェへの外圧が次第に強まるにつれて、フランスへ何度も赴いて外交上の勢力均衡を保とうと努めている。こうした外交努力を重ねるもローマ教皇とメディチ家の圧力は高まり、一五一二年にはマキャベリが創設し、期待をかけた市民軍も当初は善戦するが、激戦となるうちに総崩れとなり、敗北した。

ソデリーニはフィレンツェから亡命してその体制は崩壊し、マキャベリも失職した。一五一三年には陰謀に加担した嫌疑をかけられ、投獄拷問を受けた後で釈放されたが、居住の自由などが制限された。これ以降、マキャベリは著述活動に専念することになり、『君主論』『ディスコルシ』『戦争の技法』などを書いていく。

一五二七年に五十八歳で没したが、最後まで公職に復帰することにこだわり、著述した作品もそうした意図を反映させている部分があるが、その願いは実質的には叶えられなかった。

### †マキャベリの総括

本章の前半ではマキャベリの戦略思想についてポイントを絞って取り上げた。そして、後半ではマキャベリ自身の歩みとその思想的な基盤をつくった原体験を中心に述べた。書記官を失職して無位無官となってから、思索する時間だけは十分にあったマキャベリは古代ローマなどについての文献を読み漁りながら、自らの経験を交えてその戦略思想を練り上げていった。

マキャベリはフィレンツェで脆(もろ)くも変わりゆく政体と各国の欲望のままに引き起こされる戦争に巻き込まれ、それを少なからず実務担当者として目の当たりにした。自らがつくりあげた市民軍が小さな勝利と成功をおさめつつも、最終局面では総崩れと敗北を経験してもなお、国家は自国民による軍を持つべきであるとの考えは変わらなかった。

マキャベリが生きたイタリアでは、戦争は傭兵隊によって独特のルールや価値観に基づいてゲームのように行われていたが、シャルル八世の侵入を経験し、古代ローマを研究するなかで、国家の防衛は特定集団に請け負わせてよいものではなく、その国家に住む人間すべてが関係しなければならないとした。

古代ローマ史を写し鏡として、マキャベリは自らが生きた時代の国際システムについて考えた。国家とは、その利益を求めて拡大していく過程で、他国を従属させる衝動と行動から無縁ではいられないものであり、結果として戦争は絶え間なく続くとの結論に至っている。そして、国家が生き残るためには、戦争を遂行する実力が伴わなければならないとした。

そのためには優れた軍備と軍隊を持つ必要があり、軍事組織がその機能を十分に果たせるよう、政治の制度や機構もそれに見合ったものであるべきとした。軍事が優先で、政治はときにそれを補完するための役回りを期待され得るというのが、マキャベリの戦略思想の特徴だろう。

## †マキャベリの評価

マキャベリは結局のところ、政治を軍事というパワーを担保するための手段としてみており、政治はかくあるべきという理想を語ってはいない。これは中世のそれまでに存在した伝統的な考え方からするとかなり異質であったため、マキャベリはときに批判され嫌悪される存在となった。

もっともマキャベリは理想云々を語るよりも、生き残りの方が大事だというだろう。他にもマキャベリがよく批判される要因としては、この時代に戦闘で徐々に取り入れられた火砲（砲兵）の能力を十分に評価しなかったこと、提言する市民軍はパートタイムであり広大な領土を持つ国家の軍隊になじまないこと、古代ローマの軍制にあまりにかぶれ過ぎたことなどが挙げられる。

ただ、マキャベリの戦略思想が現代においても強烈な命題を突き付けてくるのは、国家の安全保障は同盟にすべてを委ねるのではなく、自国民によって構成される軍隊で守られるべきで、政治は軍事が効率的に機能するためにその役割を受け持たねばならないという部分だろう。

第三章

# ジョミニ

アントワーヌ・アンリ・ジョミニ（1779-1869）

# 1　ジョミニの戦略思想①——戦争をいかに遂行するか

## †変わりゆく戦争様相

十六世紀に起きたマルティン・ルター、ジャン・カルヴァンなどに代表される宗教改革によって、中世に圧倒的な権威を有したキリスト教がカトリックとプロテスタントに分かれて対立し、それが国家の主権が絡んだ戦争を徐々に複雑で凄惨なものにしていく。なかでも十七世紀初めに起きた三十年戦争（一六一八～一六四八）などは宗教改革が遠因となったもので最大規模の宗教戦争だった。ドイツ（神聖ローマ帝国）の領土を中心に行われ、終わったときには全土が荒れ果て、ドイツの人口の六〇パーセントが消えたともいわれている。

宗教的情熱に駆られて始まったこの戦争は血で血を洗う凄惨なものとなり、ウェストファリア条約によって平和が訪れたときには宗教的情熱が消え失せた。この戦争の最中にオランダの法学者フーゴー・グロティウスが現れ、『戦争と平和の法について』を出版し、戦争の法哲学を世に問うている。国家間の戦争でも個人間のごとく法律を尊重し、相互に交わした条約を守らねばならないとした。戦時・平時に関係なく国家同士の争いは法に従うべきだとする考え方は、前章で取り上げたマキャベリの戦略思想とは距離がある。

このグロティウスから徐々に自然法をベースにした「国際法」が説かれるようになる。ただ、そうした考え方が世の中に出たからといってそれ以降が平和であったわけではなく、十七〜十八世紀の間も引き続き国家は植民地の争奪、領地・国土の拡大、独立の維持などをめぐって戦争を行っている。ウェストファリア条約以降、ヨーロッパ諸国は互いに主権独立をルールとしながら徐々に近代国家への道を歩みゆくが、多くの国は圧倒的な権力を有する国王や君主によって統治されている時代であった（他方で啓蒙主義思想などが出てくる時代でもあった）。

### †傭兵隊から常備軍へ

こうした国家の独立を保っていくためには第二章で触れた中世の封建制軍隊や臨時雇いの傭兵隊を主体とする軍隊では不十分となり、徐々に常設の軍隊を持つ流れへとシフトしていく。兵舎を設置して規律と訓練を施し、軍隊を精強化するには財務的な負担が大きく、それに耐えられる国家だけが常備軍を保有できた。銃や大砲の配備が次第に進みゆき、歩兵も銃を持つ割合が高くなり、大砲が進化して運搬が以前より容易になると砲兵も部隊として独立し始めた。また、これら火力を利用した近代的な築城術などが発達していった。

この時代の主たる戦略思想は可能な限り武力戦を回避し、外交や策謀によって政治目的の達成を目指し、武力戦を行う場合でも短期間かつ局地的に行われるべきとの考えが色濃くありつつも、様々な戦略思想家が生まれてきた時代でもあった。

たとえば、「近代築城の祖」といわれ攻城方法でも後世に大きな影響を与えたサンレジェ・ボーバン（一六三三〜一七〇七）、歩兵・騎兵・砲兵の三兵種から成る戦闘団の編成とそれに基づく「三兵戦術」を開発したモーリス・ド・サックス（一六九六〜一七五〇）、制限戦争のフリードリッヒ大王（一七一二〜一七八六）、機動に重きを置く運動戦を唱えたジャック・アントワーヌ・ギベール（一七四三〜一七九〇）、この時代の軍事を体系的理論に整理したヘンリー・ロイド（一七二〇〜一七八三）、戦略と戦術を分け、作戦基地として「策源」の概念を設けたフォン・ビューロー（一七五七〜一八〇七）などがいる。

こうしたなかでも十八世紀末に起きたフランス革命とナポレオンの登場に合わせて現れた戦略思想家にジョミニ（一七七九〜一八六九）とクラウゼヴィッツ（一七八〇〜一八三一）がいる。本章ではジョミニを中心に取り上げ、次章でクラウゼヴィッツを取り上げる。

### †兵学理論の構築を重視

アントワーヌ・アンリ・ジョミニは、時代や場所に関係なく戦いに勝つための不変の基礎的原理（基本原則）が存在し、兵学理論（軍事理論）を積極的に構築することに価値を認めた。

ジョミニはナポレオン時代に主にフランスの軍人として活躍したが、この時代の戦争の様相はそれ以前のものとは大きく変わった。一言でいえば王朝戦争から国民戦争への変化である。それまでの戦争は本質的には王、君主、諸侯などの支配者同士の覇権や利権をめぐる衝突であり、支配者のいわば私兵を中心に構成された軍隊が戦いの任を受け持った。だが、フランス革命以降は国民が軍隊を構成し、国民対国民の衝突へと変わり、国家の形態も王朝国家から国民国家へと次第に変わりゆく時代でもあった。

ジョミニは自らの戦略思想を練り上げていく過程で、フランス革命前後の戦いを学び、ナポレオン戦争に参加し、その影響を受けている。ナポレオンが多くの勝利をおさめた戦略の基本には敵国の首都や地域を占領するよりも、敵軍を撃滅すればその政府の崩壊をもたらすとの考えがあり、自軍は計画性のある迅速な展開により優勢な戦力を集中させて敵軍を撃破し、さらには追撃をかけて殲滅するといったものだった。こうしたなかからジョミニは不変の基礎的原理（基本原則）とするものを見出していく。

## †ジョミニの著作と影響

ジョミニは多くの著作を遺しているが、本書では彼が後年に書き上げて思想的な結実が凝縮されている『戦争概論（戦争術概論）』を中心としてその戦略思想を読み解いていく。なお、この『戦争概論（戦争術概論）』は、日本語訳で読む場合には注意が必要である。

今日、簡単に手に入れることのできる『戦争概論』（佐藤徳太郎・中公文庫）は、ジョミニの原著からの翻訳ではなく、英語で要約されたものの日本語訳である。したがって原著に比べて分量も少なくなっているが、そのエッセンスはまとまっている。もう一冊は『ジョミニの戦略理論——「戦争術概論」新訳と解説』（今村伸哉・芙蓉書房出版）であるが、これはジョミニの原著から特に第三章「戦略」を完訳しており、詳細かつ丁寧な解説もなされている。

ジョミニは次章で取り上げるクラウゼヴィッツほどの知名度は一般的にはないが、その戦略思想が後世に与えた影響は非常に大きい。十九世紀のアメリカ南北戦争においてはジョミニの考えがベースとなってマニュアル・教範がつくられ、南北両軍の将校たちがそれを読み込んで戦闘に活用したことや、第五章で取り上げるマハンに対して与えた思想的影響などが知られている。また、現代でも各国の軍隊が部隊運用や戦闘における考え方の基本原則として採用している「戦いの原則」はジョミニを源流としている。

なお、ジョミニとクラウゼヴィッツは時代を共にしている部分があり、存命中は互いに戦略思想をめぐるライバル的な存在でもあった。

## †戦争の政治目的の類型

ジョミニの大きな特徴の一つは、戦争をどう遂行するか、軍事行動にいかなる方法をとるべきかに焦点を当てているところにある。そして、戦争が持つ政治的な側面についてはあまり深入りしないスタンスをとる。政治と戦争の関係性について省察するよりは、戦争から政治的な要素を切り離して戦争の方法を考える傾向があり、特にジョミニの初期の著書や論文にはそうしたものが多い。

ただ、それらにまったく触れていないわけではなく、『戦争概論（戦争術概論）』の第一章「戦争と政略」では、政府が戦争を行うその政治目的（戦争目的）として、①ある種の権利を回復し、あるいはこれを守るため、②国家の重大利益（商、工、農の）を防護し、維持するため、③勢力の均衡を保つため、④政治・宗教上の主義、信条を拡め、相手側のそれを打破し、わが方のそれを守るため、⑤領土の拡大により、国威、国力を増進するため、⑥征服欲を満足させるため、といったものが列記されている。そしてこうした政治目的のそれぞれの相違が、武力戦の性質やあり方に影響を与えるとする。

**†それら武力戦に伴う性質**

①の権利回復の戦争とは、たとえばある領土を所有する権利を主張して武力戦に訴える場合があるが、そもそも武力戦により生じる犠牲と得られる利益が釣り合うかどうかを十分に吟味しなければならない。その上で武力戦を採用するならば、権利回復を求めて侵攻する以上は攻勢作戦となるが、敵国だけでなく双方の同盟国がどのように動くかといった視座を持たねばならないとする。

②の国家の重大利益を守るための戦争に関しては、敵地に侵攻する武力戦だけが有利なのではなく、自国領土で敵の攻勢を待ち受ける武力戦にも一定の有利がある。地理的特性に通じ、国民や住民の支援や支持を期待できるなどの利点が見込めるとする。

③の自国の勢力均衡を保つために他国間の戦争や紛争に干渉する場合には、決定的なタイミングを狙って実行すれば利益も大きい。ただし、こうした武力戦を行うに際しては同盟国と利害関係の調整をしっかりと行い、それに沿った作戦でなければ同盟が瓦解し、失敗するとした。

④の政治上や宗教上（イデオロギー）の戦争は、三十年戦争のように民衆対民衆の戦いと

なり、その憎悪が膨れ上がり悲惨極まりないものとなる。こうした戦争に攻勢作戦をとって武力で抑えこもうとする試みは、その憎悪のエネルギーの前に徒労に終わってしまう場合があるとした。

そして⑤、⑥については、征服戦争には二つのタイプがあり、隣接する国をダイレクトに攻撃するものと、中立国などを越えて遠方の他国を攻撃するものがある。征服戦争では侵略を受けた側の民衆が抵抗に立ち上がる場合がまれにあるが、その国土の地理的特徴や民衆の抵抗と正規軍が結びつくことで、侵攻する側がその犠牲に堪えられなくなる場合もあるとした。

## †政治と軍事の関係――政治指導者と軍事的指導者

このように政府が戦争を行う政治目的を掲げ、それらが武力戦にどのような影響を与え、いかなる性質を生むかについてジョミニは言及している。ただ、これ以上にこの問題について深い省察をするよりも、戦争を政治的な要素から切り離し、武力戦の遂行上の軍事行動についての分析的なアプローチへと主軸を移していく。そして、政治と軍事の関係について、戦争そのものは政治が決定するものであるが、軍事は政治に厳格に従属するべきであるとした。ただし、一度戦争が開始されたならば、政治が軍事上の作戦について細部にいちいち容喙（ようかい）して干渉するのは慎まなければならないとしている。政治指導者が有能な軍事的指導者・指揮官を抜擢し、その後は自由に戦いの指揮を執らせるべきだとした。

ジョミニは十八世紀半ばから十九世紀初頭にかけてオーストリアが数多くの戦争に敗北しているのは、前線から遥か後方に位置する政治的中枢の「御前会議」によって、戦場にいる軍事的指導者・指揮官たちが過度に干渉束縛されたことにあるとした。「御前会議」は「戦略」を理解していないにもかかわらず、その政治権力を駆使したことで敗北に至ったとして、政治指導者のあり方を戒めている。

軍の統制に関する内閣の行為は、前者の不羈（ふき）奔放の作戦を著しく拘束する。大体戦場から五百マイルも離れた後方にある、神聖ローマ帝国の最高法廷によって、その才腕を封ぜられている将軍が、その他の条件等しく、しかも行動の自由を得ている敵の将軍と、果して互角の勝負ができるものであろうか？（『戦争概論』第二章）

また、政治が軍事に対して責任を持たねばならない政策（軍事政策）として、敵国の現状や能力に関わる知識や情報を収集・整理することを挙げている。その項目として敵対する国民の熱狂的感情、軍事組織、第一線部隊や予備隊の能力、財政や経済状況、政府や各機関の関係性、国家元首や首脳の性格、軍事的指導者や指揮官の性格と能力、首都にある内閣などが作戦に与える影響、指揮命令系統や組織編制と機能、軍全体の構成戦力、地理や軍事統計、資源全般と自然障害などを挙げる。なお、これらの項目は現代に通用するものを多く含んでいる。

国家の軍事政策のなかでもいかなる軍事制度を持つかを最重要問題とし、これが政治の責任において整備されねばならないとして、編制組織など多数の条件を挙げて展開していく。本書ではその条件を割愛するが、ジョミニは条件を挙げつつも、政府が軍のためにすべてを犠牲にして応じることを求めるのは無理筋だとしながらも、政府の努力義務だとした。

なお、この流れのなかで、共和制など政体が憲法の制約の下にあって、ときに十分な軍事力を整えるのは難しくもある。ただし他方で、共和制は国家が非常事態に直面した際には、その持てる国力を最大限発揮していく傾向もあるとした。

### †「皇帝」に求められる資質

ジョミニは政治と軍事の関係やあり方を展開していくなかで、政体の問題に触れていく。ただ、彼自身の政体に対する考え方は基本的に共和制を支持していない。公選君主制、世襲君主制、絶対君主制、立憲君主制などを支持するが、これは戦争が頻発する不安定な時代にあって秩序を保つには、強力な権威と権力を持つ唯一の存在が求められると考えたからである。

したがって、国家の最高レベルにおいては政治指導者と軍事的指導者の権威と権力を兼ねられる存在を想定する。それを具体的に「皇帝」といった立ち位置に帰結させてその資質のあり方を述べているが、これはジョミニのナポレオンへの思い入れからきている。

およそ一国の皇帝は、政治と軍事双方についての教育を受けていなければならぬ。皇帝はその側近に、すぐれた政治家や軍人よりも、むしろ行政事務能力に堪能な人々をより多く見出すであろう。よって彼自らが政治家兼将帥でなければならない。（『戦争概論』第二章）

ただし、この直後の文脈において皇帝が軍を自ら率いるのが難しい場合は、最もすぐれた将軍にそれを委ねよともいっている。また、皇帝が軍事的指導者として出陣しなければならないにもかかわらず、最高指揮権を行使するのに必要な信念が欠如しているならば、最高の資質を備えた二人の将軍を帯同させるべきだとした。一人は行政事務に精通した者、もう一人は高度に教育を施され幕僚業務に堪能な者である。ただ、現実にはこうした将軍を常に選抜・確保できるとは限らず、それよりも資質の劣った将軍を補佐するための幕僚将校が必要になるとした。

### †ジョミニの「戦略」定義

繰り返すが、ジョミニの主な関心は戦争そのものを省察するよりも、戦争の遂行の仕方を論じるところにあり、その定義する「戦略」は現代の概念でいえば「作戦戦略レベル」に近い。

戦略とは、図上で戦争を計画する術であって、作戦地の全体を包含しているものである。大戦術とは、図上の計画と対照しつつ、現地の特性に応じて、戦場に部隊を配置し、これを行動に移し、かつ地上で戦闘させる術である。(『戦争概論』第三章)

このジョミニの「戦略」の定義からは、敵軍に対して戦争を開戦するという政治決断よりも下位の軍事行動を網羅する一方で、戦闘自体は直接そこに含まないことになる。

### †サイエンスかアートか

戦争を客観的な視座から捉えられるサイエンス（科学）としてみるか、多少なりとも主観的な要素が入り混じるアート（術）としてみるべきかというアプローチに対して、ジョミニが定義する「戦略」はサイエンス（科学）としての側面があるとしつつも、アートとしての側面にも言及する。

> 戦争はこれを全体として見た場合には科学ではなくて術である。特に戦略は、実証科学に似た不変の法則（ロー）で律せられているように見えるが、それでもそれは全体としてとらえた場合の戦争の真実ではない。その他のものの中でも戦闘（combat）は、概して科学には全く無関係のものであって、それらは本来ドラマチックなものである。実際戦闘では個々の人間の力、霊感、その他のもろもろが支配的要因をなしている。（『戦争概論』第八章）

## 2　ジョミニの戦略思想②——内線作戦

## †不変の戦争術の原則とは

このように戦争の複雑性を担保しつつも、ジョミニの根本的なスタンスとしては、戦いに勝利をおさめるための基礎的原理（基本的原則）といったものが存在しており、それは技術的、時代的、地理的な要因とは関係なく不変のものと考える。

戦略だけが、スキピオやシーザーの時代でも、フリードリヒ大王やナポレオンの時代でも、同一原理に貫かれて不変のまま止まっている。（『戦争概論』第二章）

なお、ジョミニは軍事上の発明が生み出すその技術的変化などを無視しておらず、別の文脈ではそれが軍の編成、装備、戦術などに変革を促しているとした。次章で論ずるクラウゼヴィッツは、この技術的変化が戦争術に与える影響を小さなものとして捉えたが、ジョミニはこの影響が一定以上あるものとして考えている。ただ、そうした技術的変化が武器の性質、部隊の編成や運用に影響を与えるにしても、「戦略」には不変があるとした。

## †内線作戦について

さて、ジョミニのいう「戦略」の基本的原則とはどのようなものだろうか。簡潔に要約すれば、自軍が持つ兵力を可能な限り集結させ、一気呵成に直路で敵軍へ迫り攻撃し、その際に自軍の主力で敵軍を各個に撃破し、短期決戦によって終わらせるといったものになる。

この考え方は一般に「内側」の作戦線、「内線作戦線」と呼ばれる。これは分散して存在している敵軍の内側に自軍を配置していくというシンプルな発想である。こうした「内側」「内線」の配置をとることができれば、分散している敵軍が集結して優勢になる前に、自軍が敵軍の一部を攻撃・撃破し、その後別の敵軍を求めて攻撃するという各個撃破が可能になる。いうなれば「内線作戦線」は敵軍、それも敵にとって失うわけにはいかない部隊に対して連続攻撃をしかけて速やかに破砕してしまうものだ。

ジョミニは、敵軍が多数の兵力を分散させていくつかの方向から自軍に迫りくる「外線作戦」(第四章で改めて触れる)といった考えに対して、「内線作戦」によって敵の分散を利用し、勝利をおさめられるとしてフリードリッヒ大王やナポレオンを引き合いに出してその有効性を説いている。『戦略概論』の戦略一般(第三章)で、この「内線作戦線」を戦争の基本原理であるとして、次の四項目に絞って展開している。

①軍の主力を、戦争舞台の決勝点に、または可能の限り敵の後方連絡線に向け、自己自身と妥協することなく、戦略的移動により、継続的に投入すること。

②わが兵力の大部を以て、敵の個々部隊と交戦するよう機動（maneuver）をおこなうこと。

③戦場においては、部隊主力を決勝点か、または打倒することとの最重要な敵線の一部に向け投入すること。

④これら主力は、単に決勝点に向け投入されるだけでなく、しかるべき時機に十分な力で戦えるように措置しておくこと。

（決勝点＝戦いの勝敗を決する地点。後方連絡線＝作戦が行われている前線と根拠地や基地がある後方との間で物資や部隊の移動のための交通路）

### †作戦の型式について

#### 攻勢

このようにジョミニは「内線作戦」の優位を説き、その上で戦争を遂行すると決めたならばまずは攻勢をかけるか、防勢をとるかを選ぶものとする。攻勢のタイプとしては国土の全般やその大部にわたるものは「侵攻」、限られた範囲や地域であれば通常の「攻勢」、敵の陣地などさらに限定された単一の作戦は「先制攻撃」などに分けている。

そして一般的に、攻勢はほとんどの場合において有利であるとする。戦場を国外にすることで自国をその戦火から救い、国外の資源を大いに活用し、敵には必然的にそれを制限させると自軍の士気は上がるが、敵軍のそれは下がるのが一般的であるとする。ただし、先にも触れたが政治上・宗教上の原因から起きる戦争のように敵国の国民が立ち上がるなどの場合はこの限りではなく、攻勢をそもそも考え直すべきだとする。

「戦略」上の視点から侵攻は敵国土のなかで行われるので住民は敵対的であり、山岳、河川、隘路(あいろ)、要塞など障害になりうるものすべては攻勢をかける側に不利な材料として働くが、この侵攻が成功すれば敵は致命点で撃破され、戦いを速やかに終わらせることを迫られる。加えて、先制攻撃（限定目標に対する単一作戦）について攻勢をかけるのは有利であるとする。

### 防勢

ジョミニは防勢を選択した場合について、その指導が優れていれば攻勢と比べて必ずしも不利にはならないとする。ただ、防勢にも主動的になるか受動的になるかという違いはあり、一方的な受身の防勢は自軍にとって致命的になるが、時機をみて適時攻勢をかける主動的なものであればそれは成功し得る。

防勢の手段を選択した戦争では、その目的は敵軍から侵攻の対象になった地域を可能な限り防衛することになる。優勢な兵力で押し入り一気に勝利をおさめようとする敵軍に対して、障害になり得るものをすべて使いその進撃を遅らせ、敵軍を分散、疲労させて敵軍の優勢を弱める作戦を軸とする。また、劣勢が著しい場合において主動的な防勢をとることは難しいが、過度に受動に陥り固定された陣地の中だけで戦うのではなく、運動の主動性を発揮させ、敵軍の弱点を衝くためのチャンスを摑み取らなければならない。特にこの方法を攻勢防御と呼び、これは攻防それぞれの利点を活かし得るとした。

### †拡大する作戦地帯

後に改めて触れるがフランス革命以前、フリードリッヒ大王の時代などでは、戦争は基本的には限られた地域で対陣する「陣地戦」のタイプが主流であった。具体的には互いに軍隊が陣形をもって対峙し、それを複雑な機動により出し抜き合い、比較的小さな戦闘と勝利を積み重ねていくかたちで勝負が決まるといったものであった。

何かしらの政治目的で始まる戦争も、敵味方が互いに激烈な殲滅戦のようなものに発展することはまれであり、王朝国家は一定の目的を達すれば、それぞれが私兵でありその維持錬成にコストのかかっている軍隊の犠牲を可能な限り避けようとした。加えて、この時代、軍隊が互いの国境から遠く離れて作戦を実行することは様々な制約や能力の問題により、容易ではなかった。

フランス革命を境に戦争は国民戦争となり、軍隊の規模や編制も大きく変化し、限られた地域や戦場で比較的に小さな軍隊が対峙して戦闘するものではなくなっていた。

### †作戦基地・戦略要点・決勝点・目標とは

それまではほどほどで終わった戦争が、今度は互いに領土へ深く侵攻し合い、明確に撃破を目指して戦うものになっていく。ジョミニは敵の領土に深く侵攻していく際、その攻勢の出発点となり、増援を送り補給の拠点となる「作戦基地」(根拠地)、軍事上重要な山岳や河川、首都などを「戦略要点」として用語を定め、それを整理している(戦略要点のなかでも特に作戦に決定的な影響を与えるものを決勝点と呼ぶ)。その上で戦争目的が具体的な目標を定めることになるとし、「機動上の目標」として敵軍(敵野戦軍)の撃破に明確な優先順位を置いている。

「機動上の目標」についていえば——それは敵軍の撃滅と深い関係をもっているものである——その重要性はこれまで述べてきたところで明らかであろう。将軍のもつ偉大な才能および勝利への最も確実な期待は、ある程度これら目標の適切な選択如何にかかっていた。ナポレオンの最もすぐれた長所は実にここにあった。一、二の地点を奪取したり、接壌地方を占領したりすることで満足していた旧来の型式を一擲して、彼ナポレオンは、大勝を博し得る最善の途が、敵野戦軍を圧倒殲滅することにあると確信していた。なぜなら防衛に任ずる組織された兵力を失ってしまっては、国であれ、州であれそれ自体が崩壊を免れ得なかったからである。（『戦争概論』第三章）

加えて「地理上の目標」として、敵国の首都も挙げている。

戦略では会戦の目的が目標を決定する。もしわが方が攻勢を狙っているのであれば、それは敵の首都もしくは州都、すなわちその失陥により敵がどうしても和を請わざるを得なくなるような地点の占領となろう。侵攻の場合は被侵攻国の首都が通常その目標である。（同）

## †欺瞞や奇襲について

第一章で『孫子』を扱った際、孫武は欺瞞や陽動作戦によって敵軍に分散を強いつつも、他方で自軍はその部隊を速やかに集中させることに重きを置いたとした。ジョミニは自軍を速やかに集中させるということについては『孫子』と同様であるが、欺瞞や陽動作戦についての価値や効果についてはあまり積極的な評価をしていない。

わたしは牽制作戦なるものを、主作戦地帯から遠く離れた、戦地の端末の方面でおこなわれる第二義的な作戦であって、全会戦をこれが成否に賭けようとすることなど、往々馬鹿げたものでしかないと理解している。(『戦争概論』第五章)

この欺瞞や陽動作戦の評価に加えて、ジョミニは奇襲作戦についても、「戦略」レベル(作戦戦略レベル)における積極的な実行価値を認めていない。

## †情報・インテリジェンスに対する態度

『孫子』では情報や諜報活動に重きを置いていることは先に述べた。ジョミニもまた情報や諜報活動に一定の価値を認めた上で、敵軍について適切な情報を手に入れることが軍事行動を成功させるベースだとする。ただしそれは決して容易ではなく、理屈通りにはいかないともいっている。

ジョミニは諜報やスパイ活動、偵察行動、捕虜の尋問などあらゆる手段を使い、それぞれのレベルの情報を入手するべきだとし、これらのうち一つに完全な信用を置くのを戒めている。そして、これらの手段を駆使してもなお完全な情報を入手できる保証もなく、そうした不確実性のなかで後に残された選択肢は、可能な限り入手できた情報をもとにして指揮官が自軍と敵軍の状況を踏まえ、それぞれが実行可能と思われる軍事的選択肢（可能行動）を仮説として洗い出すのが原則だとする。

## 3 ジョミニとその時代——ナポレオンとともに

### †幼少から軍事に関心

フリードリッヒ大王時代の戦争を研究し、ナポレオンの軍隊に幕僚として従軍して、フランス軍を離れた後はロシア軍に籍を置きながら、戦略や戦術について思索を深めたアントワーヌ・アンリ・ジョミニは、一七七九年にスイスの西部に生を享けた。ジョミニはその家系を遡れば先祖はイタリアからの移住者であり、父親は市の書記と公証人を兼ねており、中流の家庭の出身である。

両親はジョミニがビジネスマンになるのを望み、それに見合う学校教育を受けさせたが、ジョミニ自体は幼少時代から軍事について興味を持ち、十七歳になるとナポレオンについての記事や雑誌を読み、そして、フリードリッヒ二世（フリードリッヒ大王）にまつわる書物を読み込んでいた。

十九歳になるときフランス軍がスイスへ侵攻してきたのがきっかけとなり、スイスの一部が独立を宣言するなどの政変が起きた。ジョミニはこれを機にスイス国防省に入り、二年も経たずに大隊長に昇進したが後に辞職した。その大きな理由は自分の能力が十分に評価されていなかったこととされているが、一方でジョミニの人格評価として終生付いて回る傲慢で短気な部分が周囲と軋轢を生んだ結果ともいわれている。

### †フランス軍の大佐として

スイス国防省を離れたジョミニは軍事古典を読み込むことに没頭しつつ、新たに軍隊でのキャリアを始めるべく、その照準をフランス軍に絞った。一八〇五年、それまでに書き上げていた『大戦術論』の原稿をナポレオン麾下のネー元帥に持ち込み、それを読んだネー元帥がその力量を認めて非公式ながら副官と大佐の地位を与えた。後に二人は議論を深め、ネーはジョミニに対してフリードリッヒ大王とナポレオンの指揮能力について比較研究を行い、書籍にすることを勧めた。

ジョミニは第六軍団に属することになり、一八一三年にそこを離れてロシア皇帝軍に入る間まで、ナポレオン麾下の幕僚としての力を発揮した。フランス軍でのジョミニの歩みを簡潔に述べると、一八〇五年の「ウルムの包囲戦」でネーに対して有益な助言を行い、その功績を評価された。史上有名な「アウステルリッツの三帝会戦」には参加していないが、この時に『大戦術論』をナポレオンが直接読み、ジョミニの能力を認めて正式に大佐として迎えるのを裁可している。

### ✝ナポレオンのジョミニ評価

これ以降、正式に第六軍団司令部の第一級副官となり勤務して判断力を培い、一時期、ナポレオンの司令部に派遣されたことが戦略眼を磨くことにつながったとジョミニ自身が告白している。その後、「イエナの会戦」についても建言し、一八〇七年には第六軍団参謀長に昇任し、続いて一八〇八年にはフランス帝国男爵に列せられた。同年にはフランス軍がスペインとの戦端を開き、第六軍団が派遣されたが、このときネーとの間に軋轢が生じた。なお、スペインはゲリラ戦を展開し、その凄惨さが後のジョミニの戦略思想に大きな影響を与えている。一八〇九年にはナポレオンの側近であるベルティエと衝突して互いに憎み合うことになり、一八一〇年には一度辞職願を出しているが、ナポレオンは翻意を促してジョミニを准将にしている。ジョミニは頭の回転はよいが一方で自己主張も強く、周囲から煙たがられることが多くなっていた。

このようなジョミニを評して、ナポレオンは次のようにいっている。「ジョミニは感受性が強く、粗暴で、短気な男であり、またあらかじめ計画された陰謀の一味となるにはあまりにも正直すぎる」。その後一八一二年にナポレオンのモスクワ遠征が失敗に終わり、撤退する際にジョミニはそれを支援して少なからず貢献したが、その功績をナポレオンから評価されることなくフランス軍を去っている。

ロシア軍に入り、将軍として遇されたと同時にツァーリ（皇帝）の顧問も兼ねたジョミニはロシア軍を一時離れることもあったが、実戦に参画するよりも軍事について思索して著述するのに注力することになった。本書でも引用した『戦争概論（戦争術概論）』は一八三八年にその初版が出版されている。一八四八年に引退し、一八六九年に九十歳で亡くなるまで、旺盛に研究活動を続けた生涯であった。

## †制限戦争の時代

ここでジョミニが影響を受けたフリードリッヒ大王とナポレオンを中心に、戦争様相がどのように変わっていったかに触れておく。フリードリッヒ大王がプロイセン王に即位した一七四〇年から、フランス皇帝ナポレオンの廃位される一八一五年までの間は、旧様式による戦争が結実するとともに、現代の戦争の原型となる新様式による戦争が幕を開けた時代であった。旧様式と新様式といってもまったく異質のものではなく、後者は前者から様々なものを引き継いでいる。この期間を通じての大きな変化は軍の組織編制やその運用の規模やあり方、職業軍人で成立していた軍隊から市民軍の創出など多岐にわたる。

これに付随して戦略のあり方もより攻勢的で機動的なものへと移りゆき、そのぶん一層敵軍の撃破撃滅を追求していくものになった。こうしたことは前章のマキャベリが願意を含めつつ予見していたが、二百年以上経ち、ようやくそれが実現した。

先にも少し触れたが、国家の形態が王朝国家から国民国家へと変貌していくなかで、戦争もまた支配者の私兵である軍隊の衝突から、国民対国民の軍隊の衝突へと変わりゆき、戦争は支配者が互いに適度に「制限」する戦争から、国民の熱狂と憎悪が煮えたぎる「無制限」のような戦争になっていった。

## †王朝国家の軍隊

王朝国家において国王が持つ軍隊には多くの制約が課されていた。国王は理屈の上では絶対的な権力を持っているようにみえても、実態としてはそれを支える貴族たちに対して将校のポストを独占する権利を与えることを余儀なくされ、課税権も一部制限された。加えて、国民をすべて召集動員する力などは持っていなかった。軍隊内部では共通の精神性を持つことは難しく、将校は名誉、栄光、階級意識を強く持っていたが兵卒にとっては生活手段としての職業であり、国防に対する熱い志は期待できなかった。

それぞれが所属する連隊などへの帰属意識と誇りはある程度あったとされるが、そのような軍隊は一般社会からは遠い存在であった。政府は次第にこのような軍隊に対して衣食住や医療などの待遇を改善し、同時に規律と訓練を厳格に取り入れて軍隊の実力を高めようとしたが、戦場で戦術的に複雑な行動ができる軍隊に仕上げるのは相当な時間とコストがかかった。また、後方から前線への輸送力が限られているので、戦場近くに倉庫を展開して弾薬や食料を事前に集積する必要に迫られたが、そうした能力もやはり限られており、軍隊の行動を狭めることになった。

## †高コストから戦闘回避

支配者や指揮官はコストのかかった軍隊を一度失えば、それを回復させるのは困難であり、軍隊の能力も限られていたので、大規模で正面からぶつかり合う会戦や戦闘を避けることが多かった。軍隊が対峙し合う状況に至っても戦闘隊形への移行は緩慢であり、その間に一方が戦闘を回避する行動をとれば全面的な交戦は起きなかった。仮に全面的交戦に至っても、そこから一方が他方を撃滅するための徹底的な追撃を行うまでの術を持っていなかった。

このようにいくつかの制約要因が重なり、戦争の期間は長引くことはあっても、その方法は制限されていた。ただし小規模といえども、一度戦闘が生起してしまえば双方がマスケット銃などを持ち隊列を組み、比較的近い距離で一斉射撃を行うので、多くの犠牲を伴う破壊的なものになった。ゆえに戦争をしても激烈な戦闘を好まず、作戦としては双方の要塞、倉庫、補給線といった要点に対する攻撃が指向されることが多かった。戦闘で決するよりも機動の巧妙さを競い合い、その延長線上にある陣地の取り合いのような戦いで戦争を終わらせる傾向が強かった。

## †フリードリッヒ大王の軍事改革

このように数々の制約要因があるなかでもプロイセンのフリードリッヒ大王（在位一七四〇～一七八六）は軍事改革に取り組み、その戦い方は後に「電撃戦」の一形態を示し、戦勝を重ねてゆく。そして、他国と比べて決して大きくはなかったプロイセンの国土を「シレジア戦争」などを通じて約二倍にまで広げるのに成功した。フリードリッヒは軍事問題についての数々の著作を書き上げるとともに、前線では指揮官として自ら指揮統率をしている。

軍隊を機能させるためには社会の階級を維持するのが必要だとし、特に有能で勇猛な将校になり得る土地に根ざした貴族階級の温存に努めた。そして兵士の一部を構成する国内の農民を対象にした徴募は、その生産力を落とさないように次男以下に限り、加えて同郷のものを同じ連隊に配属させ、一体感を強く持たせるよう工夫した。

ただ、フリードリッヒは基本的にはそうした兵士を信頼してはおらず、維持・機能させるために油断のない監視と厳格な軍紀・軍律の徹底を行っている。たとえば行軍の際に逃亡兵を出さないようにその隊列の周囲に軽騎兵を配置し、逃げ込みやすい森林などでの野営、将校を伴わない兵卒のみでの行動、夜間行軍などを最低限に制限した。平素の訓練も厳しく行い、行軍隊形から戦闘隊形への展開、戦場で機動と戦闘行動を考えずとも機械的にできるように教育した。

### †その戦争の限界

これらの監視、軍紀、訓練の結果として、フリードリッヒの軍隊は他国のそれよりも戦場では巧みに敵前で機動し、包囲や側面攻撃などを行った。彼は軍隊の補給を固定された倉庫に依存するのではなく、占領地からそれを現地調達するために軍を分散することを考えた。ただ、敵意を持つ住民を懐柔するのは難しく、そこでの補給が失敗すれば士気が低下し、軍自体が雲散霧消してしまい、この問題は解決できなかった。

これらの制限からフリードリッヒはプロイセンが行う戦争で短期戦を目指したが、実際の戦闘自体は全力の主力決戦とそれによる敵の殲滅戦略を積極的に指向したとはいえない部分がある。それは先にも触れたが、ある程度訓練を施した部隊でも敵を殲滅するべく徹底的な追撃を行うのは難しかったことによる。訓練を重ねれば密集隊形により戦闘は可能でも、追撃のために部隊を分散させ、監視が行き届かなくなると逃亡者が多く出てしまい、戦力の低下が否めなかったからでもある。

フリードリッヒの戦いは結局のところ、古い戦争様式の制限と延長のなかで戦争目的と軍隊の能力の限界をわきまえ、限られた戦場で巧みな機動と小さな勝利を重ね、外交を機能させて戦争を終結させるといったものでもあった。なお、フリードリッヒのこうした戦争や戦略のあり方を持久戦争・消耗戦略という用語で表すこともある。

## †ナポレオンの戦争

フランス革命はヨーロッパ全土に政治、社会、軍事の領域であらゆる変化をもたらしたが、フランスの軍事においては革命前の王政末期から徐々に起きていた軍事変革の成果を引き継ぎ、結実させていくプロセスでもあった。革命以前からフランス軍は歩兵の戦闘でもそれまでの密集隊形による戦闘から、散兵、前進攻撃縦隊、横隊隊形など複合的なものが徐々に取り入れられており、革命後もこうしたドクトリンを積極的に採用していった。砲兵隊もまた王政末期から改革に力を入れたことで機動力が増しており、革命後のフランス歩兵は戦闘の局面で野戦砲のサポートを大きく得ることができた。

そして革命を機に、フリードリッヒの時代には難しかった占領地での現地調達も強制と強要で実現した。小貴族の子弟出身であったナポレオンはこれらの成果を基盤として戦略と戦闘指導を試み、革命後のフランス陸軍で出世しながらヨーロッパを席捲していく。また、ナポレオン以前は軍隊を分散させることなく一団として運用することが主流であったが、ナポレオンは軍隊をそれぞれ歩兵、騎兵、砲兵と支援部隊などで構成する師団・軍団といった単位集団に分けて運用した。

革命以前の戦争では軍隊が大規模でも数万程度が限界であったが、革命を機に国民のなかから一般徴兵を行い、その規模は数十万にもなった。数万規模の軍隊では、基本的には集められて一元的に運用されたものが、数十万規模になればそれが軍団や師団に分割され、それぞれの単位で異なったルートを移動し、自らの担当地域における責任を持ち、独立して作戦を行うようになった。また、それらの単位は同時に相互支援も可能となるよう運用された。

これらの大規模な軍隊が単位集団で分散して運用されることで、全体を指揮する総司令官はそれまでとは比較にならないほど広い地域を制することが可能となり、それぞれ隷下の各構成部隊などを素早く移動させるなど、作戦に柔軟性が加わった。

ただ、革命当初から軍隊を単位集団に分けて独立運用することがうまくいったわけではなく、ときに全体としてのまとまりがなくなることもあった。ナポレオンはこれを中央からしっかり統制することで素早い機動と攻勢に努め、重要地点に相対的に優勢な単位集団や部隊を集結させては、勝利を何度も勝ち取っている。

## †政治と軍事のトップを兼務

ナポレオンが国家元首と最高司令官、つまり政治指導者と軍事的指導者の最高権威を兼ねた期間は十五年に及ぶ。この間、政治と軍事の間における摩擦は起きなかったし、最高レベルでの指揮権は統一されていた。政治レベルで戦争の可否を決定し、それに基づいて軍事作戦の内容が迅速に決定されていった。ナポレオン自身の基本的な戦争観について、自身では体系的な記述を遺していないが、研究者の見解などによると戦争を外交が行き詰まったときの代替手段として考えるよりは、戦争そのものを外交手段の中心として位置付けていたとする。

それは、ナポレオン個人の政治的スタンスとしては攻撃的であり、戦争自体を好んだといった特質にもよる。戦争に積極的に訴えて自らの政治目的を達成していくナポレオンは、軍事力の動員に際しては国力や資源を可能な限りそれに割り当てるべきとし、その上で敵の抵抗力を最大限減殺することを目指した。

## †目標は敵野戦軍

したがって戦争における具体的な作戦構想としては、敵の陸軍（野戦軍）の主力撃破を目指し、敵の戦争遂行能力や意思を挫いて降伏を強要し、戦争を終結に導くことを指向した。また、敵の主力を撃破するのに比べれば要塞攻略、首都や地域の占領などは敵の継戦意思に与える影響の上で劣るとしていた。

ナポレオンの軍事戦略の特徴は決戦を目指すものであり、敵の野戦軍を撃滅するために一度のみならず数回にわたる会戦を目指すものであった。そのために敵の国土内深くに素早く自軍を侵攻させるが、それは特定の地域や場所を目標に前進するのではなく、主たる戦闘では敵軍を探し求めて決戦を強要する方式を用いている。

作戦レベルでは敵軍に攻勢をかけて各個撃破を求め、敵軍から相対して中央の内線にポジションを取り開始するか、敵軍の陣地を包囲しつつ敵の後方連絡線を圧迫できるようにその後方へと指向する機動の形をとることが多かった。

## †ナポレオンの限界

このような戦略に基づきナポレオンは長く勝利したが、ナポレオンのライバルや相手国も次第にこれらの戦略を取り入れ始めると、ナポレオンも常勝することは難しくなった。ナポレオンは政治指導者と軍事的指導者を兼ね、その上で全体の作戦構想を独断したことで、軍事作戦の迅速さによって勝利を重ねられた。その反面、彼の幕僚や参謀は命ぜられた情報収集や報告と命令の伝達役としては機能したが、それ以上のものにはならなかった。他方で、次章で扱うことになるクラウゼヴィッツのプロイセンなどでは参謀本部の原型が産声を上げていた。その役割や機能はまだ限られていたが、スタッフの力で全体的な作戦計画がつくられ、それに基づいて各部隊が独立して運用されながら、それぞれが相互支援や連携がとれるようになり始めていた。

つまりは、一人の圧倒的な「軍事的天才」に対して、「組織力」で対抗する流れができており、ナポレオンがロシア遠征で失敗する頃には、ナポレオンの用兵術はすでに独創的かつ天才的なものではなくなり始めていた。それでもナポレオンは軍事的勝利を手中にすれば戦争に勝てると信じて戦いを続け、廃位されるまで武力戦の勝利によって政治目的を達成することにこだわり続けた。本章で取り上げたフリードリッヒとナポレオンの大きな違いは、それぞれが持つ軍隊の能力や規模もあるが、そもそも戦争と軍事的勝利の果実をどこまで政治目的達成のために期待してよいのかという、限界のわきまえ方にあった。なお、ナポレオンの戦争や戦略を決戦戦争・殲滅戦略などと呼ぶことがある。

### †ジョミニの評価

次章で取り上げるクラウゼヴィッツが「戦争とは何か」という哲学的考察を好み、それゆえに複雑な論考にさせたとすれば、ジョミニはそれとは対照的に戦争を可能な限り単純化して捉え、武力戦をどのように遂行するべきかというマニュアル的なものを提示した。武力戦や戦闘から複雑さを排除し、シンプルに整理できる最低限の決定的要素を抽出し、それらを考慮することで戦いに勝つための方針を概念化しようとした。そのため戦略の定義も作戦戦略レベルの範疇で論じており、戦略には不変の基本的原則があるとしている。

本章でもみたようにその原則の中核をシンプルに表現すれば、優勢なる自軍の部隊で劣勢な敵軍の部隊に対して決定的なポイントに攻勢行動をかけるといったものになる（ただし、宗教戦争、国民戦争などについてはこの考え方を単純には適用していない）。後の章で論じるマハンや現代でも使われている「戦いの原則」などに、ジョミニが影響を与えていることはすでに触れた。

他方でジョミニを批判する声も根強く、戦争を分析する過程であまりにも単純化している、ジョミニが基本的原則として挙げるものに歴史上多くの反証が存在する、基本原則をもとにマニュアル的なものを指向し過ぎたなどという批判がある。なお、ジョミニ自身は戦争を単純化して考え、マニュアル的なものをつくる妥当性を真っ向から信じていたのであり、こうした批判を本人は取り合わないかもしれない。このあたりは次章のクラウゼヴィッツとは大きく異なる。

第四章

# クラウゼヴィッツ

カール・フォン・クラウゼヴィッツ（1780-1831）

## 1 クラウゼヴィッツの戦略思想①——絶対戦争とは何か

### †比較的知られるクラウゼヴィッツ

ジョミニが幕僚としてナポレオン軍の側で戦ったとすれば、プロイセンの軍人であったカール・フォン・クラウゼヴィッツ(一七八〇〜一八三一)はそれと対峙して戦う立場にあった。ジョミニが「戦争にいかにすれば勝てるか」といったhow to winに絞ったものの書き方をしたとすれば、クラウゼヴィッツは「戦争とは何か」、つまりwhat is warといった部分に重点を置いている。

クラウゼヴィッツの著した『戦争論』の日本語訳はいくつかあり、『戦争論』(清水多吉訳・中公文庫)、『戦争論』レクラム版(日本クラウゼヴィッツ学会訳、芙蓉書房出版)などは優れた翻訳とされている。戦略思想を学んでいく過程でクラウゼヴィッツは避けては通れないが、難解な名著というイメージが強く、忌避されやすくもある。その論述形式はドイツ観念論を下敷きにしており、現実の上での話と観念の上(理論の上)での話の両者が対立構造をとるが、これが文脈のなかで終始行き来しつつ書かれている。クラウゼヴィッツが生きたプロイセンの知的世界ではなじみのあった思考方式も、今日の読み手には取っつきにくくあり、実際、現実と観念のどちらの話をしているのかはっきりしない部分がある。

無論、クラウゼヴィッツは意図的に『戦争論』を難しく書いたわけではない。彼自身のナポレオンとの戦争の経験や現象のみにとらわれることなく戦争自体を俯瞰し、これがどのような要素によって構成されているかを考えた。戦争について、理論上はどこまでいえるのか。その理論は現実という壁の前ではどうなってしまうのか。それについて徹底的に追求していくうちに、このようなスタンスになっていったのだ。

## †『戦争論』は未完

ジョミニは九十歳まで生きた上に、旺盛な研究意欲が保たれたことで多くの論文や著作を世に問い、その結実ともいえる『戦争概論』を書き上げて出版できた。他方でクラウゼヴィッツは五十一歳で急逝しており、『戦争論』はそれまで書き溜められていた原稿をもとに没後に出版された。その際、本の構成は生涯にわたってよきパートナーであったマリー夫人などによってなされた。

クラウゼヴィッツ自身は生前、『戦争論』の原稿のうち完成しているのは第一篇（部）第一章のみで、残りは書き直す必要があると述べていた。つまり『戦争論』自体は未完の作品なのであるが、今日まで戦略思想の古典としての位置を保ち続けている。

クラウゼヴィッツの『戦争論』は知名度こそあるが一般的には難しく、誤解されたまま都合のいい部分のみが引用されることも多く、それがもとで辛辣な批判を受けもした。本書第六章で扱うリデルハートなどは、誤解に基づくクラウゼヴィッツ批判の急先鋒としても知られている。この『戦争論』が後世においてどの程度正しく理解され、具体的にどれほど影響を及ぼしたのかを知ることは難しい。ただ、クラウゼヴィッツが示した戦略思想は今日の戦争を考える上でいまも価値がある。その戦略思想の骨子を本章では展開していきたい。

## †観念上の絶対戦争

『戦争論』は百二十八の章と節に区分されており、それらが八つの篇にまとめられ構成されている。第一篇「戦争の性質について」は政治と社会の領域にまたがる戦争の全般的な特質について言及する。戦争が行われるなかでそれに伴う危険、肉体的・精神的労苦、心理的要因、後に触れる有名な「摩擦」という概念を出し、戦争のなかで立ち現れる障害などについて展開している。

繰り返しになるが、この第一篇のなかでも第一章が、クラウゼヴィッツ自身が完成原稿として認めていた部分である。そして、この第一章は『戦争論』の大きな理論的枠組みと研究方法を知る上で要となっている。

クラウゼヴィッツは抽象概念を用いながら戦争を考え、それをもとに「絶対戦争」という一つの概念を提示する。これはナポレオン戦争に影響を受け、それをヒントにして考え出した観念上のモデルだ。

これを考えていく過程で国家間の戦争を人間二人が決闘する両者の対峙へと還元し、そこから「絶対戦争」のコンセプトへと発展させている。これはどちらか一方が勝利をおさめ、つまりは他方が敗戦に至るまでは、互いにすべての軍事力とあらゆる資源を一切の障害なく動員運用し、武力戦が継続されるという考えである。

戦争の根源的要素、すなわち二人の間の決闘という点に視点を置きたいと思う。戦争とはつまるところ拡大された決闘以外の何ものでもない。われわれは戦争を無数の個々の決闘の統一として考えようとするものであるが、その場合二人の格闘者を思い浮べてみるのが便利であろう。いかなる格闘者も相手に物理的暴力をふるって完全に自分の意志を押しつけようとする。その当面の目的は、敵を屈服させ、以後に起されるかもしれぬ抵抗を不可能ならしめることである。つまり戦争とは、敵をしてわれらの意志に屈服せ

しめるための暴力行為のことである。(『戦争論』第一部第一章、傍点原文)

つまり戦争とは暴力行為のことであって、その暴力の行使には限度のあろうはずがない。一方が暴力を行使すれば他方も暴力でもって抵抗せざるを得ず、かくて両者の間に生ずる相互作用は概念上どうしても無制限なものにならざるを得ない、と。これが戦争についてわれわれの直面する第一の相互作用であり、また第一の無制限性というものである。(同、傍点原文)

### †制限下の現実の戦争

なお、この「絶対戦争」につながる考え方はあくまでも観念上のことであり、現実には存在しないとしている。加えて、あくまでも戦争について思考していく手段であるとも告げている。戦争はその過程においてしばしば干渉を受け、多くの妨害や障害が生じ、結局のところ国家があらゆる資源とすべての軍事力を動員するのは難しく、見込んだ大戦果や大勝利を得ないうちにピークを迎え、そのまま予測していなかった結果で終わることが多いことも現実だとする。ある程度の制限を受けるのが「現実の戦争」としている。

抽象世界において観念上で生み出した「絶対戦争」は、現実の世界ではそうした道筋をストレートに歩むものではない。たとえば、現実に戦争を遂行する前提として政治目的がある。この政治目的とは戦争の根本的な動機となるもので、武力戦でもって達成するべき目標に対しても大元としての影響を与える。

この政治目的が政府や国民などに共有・支持される程度によって、軍事行動の目標や規模も変わってくる。後で改めて触れるが、双方が軍事行動を全体的に俯瞰し、攻勢と防勢のどちらに重きを置くべきかの判断などにも、現実には打算や誤算が生じる。こうした戦場の不確実性が、実際の戦争に多くの制限を加えることになる。これらを浮き彫りにしていくためにも、観念の上で極限を考える「絶対戦争」と様々な要素により制限が伴う「現実の戦争」という二つの対立構造により、戦争の本質を考えていくのがクラウゼヴィッツの基本的なスタンスなのだ。

## †政治と軍事の関係

現実の戦争が政治的性質を帯びるものだとしたクラウゼヴィッツは、政治が軍事に対し優位性を持つとしている。現実の戦争はそれ自体が独立した自律的な行為ではなく、敵の軍事力の撃破や抵抗する意思の消滅だけが目的でもなく、あくまでも政治目的を達成するための合理的な手段とする。武力戦自体が政治目的へとすり替えられてしまうのは本筋ではないとしている。

一共同社会の、つまり全国民をあげての戦争、それも特に文明国民の戦争は常に政治状態から出発し、政治的動機によってのみ勃発する。それゆえ戦争とは一つの政治的行動にほかならない。……したがって政治は全軍事行動を貫徹し、戦争における爆発力という性質が許す限り、この軍事行動に絶えず影響を与え続けるものである。……すなわち戦争は単に一つの政治的行動であるのみならず、実にまた一つの政治的手段でもあり、政治的交渉の継続であり、他の手段による政治的交渉の継続にほかならない……政治的意図は目的であり、戦争はあくまでも手段だからである。目的のない手段などとはおよそ考えられない（同）

戦争における政治の優位性とは、政府が戦争の指導に責任を持つことを意味し、軍隊は自律的存在ではなく政治によって利用されるべき合理的な道具であり、政治に従属するものとなる。

ただ、これは軍隊が全般的な戦争計画を立案する段階から排除されるという意味ではなく、軍人が専門的知見をもとに意見具申をするのは当然視されている。ただ、政治の優位にあって軍事戦略、作戦戦略の計画や遂行、政戦略の一致をめぐり、政治と軍事の間に衝突や摩擦が生じてもそれらは基本的に調整可能であると捉えている。なお、ここでの政治とは内政上のあらゆる利害を考慮の上で調和させる機能、社会全体の利害の代弁者として位置付けられており、政治が個人の名誉心、私的利害、政治家の虚栄心などの道具にされていないことを前提としている（こうした前提が成立している上で、軍事が政治に対して意見するのは本筋ではないとしている）。

### †両者の衝突について

前線で戦闘を行う軍隊が政治のある後方とリアルタイムでコミュニケーションをとるのが技術的に難しかった時代、その指揮官が臨機応変に作戦戦闘のあり方を変更する必要があり、それによってしばしば政治目的が変質してしまう場合を認めている。ただし、ここから深刻な問題になりうる可能性についてはどこか楽観的なニュアンスを持つ。

政治的目的が専制的立法者になり得るというわけではない。政治的目的はあくまでも手段の性質に従わねばならず、しばしばそれによってまったく相貌を新たにせねばならぬことさえあり得る。（同）

なお、前章のジョミニはこの政治と軍事の間における摩擦といった問題を重大なものとして捉え、可能かどうかは別として、解決策の一つとして政治と軍事が一人の最高権威によって束ねられる皇帝的存在を理想とした。この点についてクラウゼヴィッツは、武力戦の遂行はあくまでも政治目的と一致し、その手段として行われるべきものだが、その目的が手段に対して過度に無理な要求を押し付けるのを回避するため、条件付きで軍事を代表する将軍（将帥）が内閣などに参画するべきだとする（他方で、軍事を代表する者以外の軍人が内閣などの政治に影響を与えるようなことは、極めて危険だとする）。

政治家と軍人とが同一人のうちに体現されていない限り、とるべき手段はただ一つしかない。すなわち、最高司令官を内閣の一員として、主要な評議や決議に参加させることである。だが、これもまた、内閣、すなわち政府自体が戦場の近くにあって、事柄を遅滞なく処理し得る場合にのみ可能なことである。（『戦争論』第八部第六章）

## †純軍事的視座の問題

戦争という手段がときに政治目的の優位性に影響を与えるとしても、クラウゼヴィッツの政治優位のスタンスは変わらない。一方で政治は全般的な戦略・作戦を俯瞰し、どのような姿勢で臨むべきか、戦争の始まりと終わりなどの計画を「純粋軍事的」（純軍事的）視座を期待し、軍事に助言を求めることは有害であるとした。

> 大軍事事件やそれに対する作戦については純粋に軍事的な判断が可能である、といった主張は許されないばかりでなく、有害でさえあると言えよう。実際、戦争計画立案の際に軍人に諮問し、内閣の行なうべきことについて純粋軍事的に批評を求めようとするのは、不合理なやり方である。しかも、既存の戦争手段を最高司令官に委託し、この手段に応じて戦争あるいは戦役の作戦が純粋軍事的にたてられるべきであるとする理論家諸氏の要求に至ってはその不合理さを評すべき言葉がない。一般の経験からしても明らかなごとく、今日のごとく複雑にして発展した戦争にあっても、戦争の基本線は常に内閣によって、専門的に言うなら、軍事当局ではなく、政務当局によって決定されるべきものである。（同、傍点原文）

戦争がそもそも政治の延長かつ政策の継続であり、戦略・作戦全般では純粋軍事的な視座のみによる助言を許容しないならば、ここから敷衍（ふえん）されるのは、軍隊はときに限られた動員や資源のみを与えられた上で政治目的を達成することを要求される。こうした途上で軍隊は相当の犠牲を被ることが予想されるが、政府も国民もこの犠牲を支持するならば、軍隊はそれを任務として受け止めざるを得ないという理屈になる。

## †戦争の合理的な見積もりは可能なのか

戦争は政治目的達成の手段の一つであるという前提に立つならば、この目的と手段の間に相互関係を継続させて考えるものになる。ここに合理性が介在する余地があり、戦争への戦力の動員や資源の投入の規模、戦略のあり方について見積もりがなされる。

ただ、クラウゼヴィッツはこの合理的な見積もりが慎重になされたとしてもなお、敵国の能力や力量を含めて考察するのは容易ではないとする。たとえば敵国の指導者のなかにある非合理的な要素、直観力で決断する程度、士気や動機の強弱などを見積もるのは難しく、これらが予期せぬ形で衝突や摩擦を生み、合理的見積もりによって勝算を導き出す力を限定的なものにすると考えた。

したがって、戦争のために用いらるべき手段の大小を知るには、戦争における味方と敵方の政治的目的を考慮しなければならない。また、敵国と自国の力や諸関係、政府や国民の性格、両軍の能力、他国との政治的同盟関係、戦争がそれらに与える影響等をも考慮に入れねばならない。これら様々な、そして複雑に交錯している対象を比較考慮することは極めて困難な課題であるだろう。その上、速やかに妥当な取捨選択を行なうには天才的な明察を必要とし、単なる教科書的考察ではこの複雑な関係を処理できるものではない、ということももっともである。(『戦争論』第八部第三章)

## †戦争の三位一体

クラウゼヴィッツは現実の戦争をさらに深く考察していくなかで、戦争はそれぞれの局面で性質を変えてしまうカメレオンのようなものだとし、その現象を俯瞰すれば支配的な諸々の傾向があり、独特な三つの要素による「三位一体」が立ち現れるとした。一つは「盲目的自然衝動と見なし得る憎悪・敵愾心といった本来的激烈性」、もう一つは「戦争を自由な精神活動たらしめる蓋然性・偶然性といった賭の要素」、最後は「戦争を完全な悟性の所産たらしめる政治的道具としての第二次的性質」(悟性=知性)である。

そして、この三つの要素が社会のなかのどの領域にみられるかについて、第一のものは国民(民衆)、第二のものは軍隊(指揮官と部隊)、第三のものは政府のなかにあるとした。

つまり国民は戦争に際して敵愾心などに燃え上がり、指揮官や部隊は偶然と蓋然の入り乱れる不確実ななかで勇気と才能に依拠して行動し、政府だけが政治目的を定めるということである。戦争に勝利をおさめることは、これら三つの要素がそれぞれ自律的に機能し、適切な均衡が保たれたときに可能となる。

これらの三傾向はあたかも鉄則のごとく深く戦争の本質に根ざしているものであって、場合に応じてそれら三傾向の各々は戦争に対してさまざまな比重をもってくるものである。（『戦争論』第一部第一章）

## 2 クラウゼヴィッツの戦略思想②――摩擦とは何か

### †摩擦と障害

組み立てられた三位一体という理論は、戦争準備・開始・終結に加えてそれ以降の展開なども網羅している。三位一体といった分析枠組みをさらに深化させるため、クラウゼヴィッツはもう一つの有名な概念である戦争における「摩擦」（障害）を提示する。

本章ではこれまで何度か「摩擦」（障害）といった用語を特に説明もなく使ってきたが、

この考え方はクラウゼヴィッツの思想を知る上で大切な部分であるので、改めて言及しておく。摩擦は戦争全体における不確実性、偶然性、予測不能などを示し、それらが決定、士気、行動に与える影響をも指す。

そして、この摩擦こそが現実の戦争と観念上の戦争とを区別するものだという。戦争や軍隊が扱う事柄はときに単純で取り扱いやすくもみえるが、実際の軍隊組織や軍事的機関は編制上はともかくとして一枚岩では構成されておらず、多数の生身の人間が集まってできている。この多数の者たちが常に何かしらの形で、摩擦や障害に直面しているなかで行動していくとする。

戦争におけるすべてのものは非常に単純である。しかしこの極めて単純なものがかえって困難なのである。……例えば、日暮れてなお二駅亭通過しなければならない旅人を思い浮べてみよう。その平坦な道路を駅馬で行くには四、五時間もあれば足りるであろう。それは何ほどのことでもない。彼は一つ手前の駅に着く。ところがそこには馬がない、あっても使いものにならない駄馬である。その上、道路は山道になり破損までしている。夜陰は迫っている。彼は疲労困憊して漸く最寄りの駅に辿り着き、そこに貧弱な避難小屋を見出して喜ぶ。戦争もまさにこれと同じである。戦争においては、作戦の際に考えだに及ばなかったような無数の小さな事態が発生し、所期の計画は崩され、その結果戦争当事者は目標のはるか手前で留まらざるを得ないことになる。(『戦争論』第一部第七章)

### †攻撃と防御の関係

クラウゼヴィッツは「攻撃」と「防御」の概念について持論を展開している。この説明にあたって自国と敵国、自軍と敵軍の両者が敵対し、相互作用が働くなかで「攻撃」と「防御」の関係を説明している。また、この説明の仕方は「絶対戦争」と「現実の戦争」の二者を対立させて相互関係のなかで展開していく、いわば弁証法的な形式に則っている。その上で、クラウゼヴィッツは「攻撃」と「防御」を交戦方式として見た場合には「防御」もまた強力なものだとしている。このあたりの部分は入り組んでおり、また、一般的なイメージとしては「攻撃」のほうが「防御」よりも強く感じられるので、理解するのが難しい部分でもある。

防禦が攻撃より容易であるということは、すでに一般的な形で述べておいた。しかし防禦は消極的目的、つまり現状維持を目指すものであるに対して、攻撃は積極的目的、つまり獲得を目指すものである故に、後者には現状維持者にはない独自の戦争手段を多様に駆使する道がある。それにもかかわらず前述の命題は正確には次のように述べられねばなるまい。すなわち戦争遂行上、防禦的態勢はそれ自体としては攻撃的態勢より強力である、ということである。(『戦争論』第六部第一章)

ただし、クラウゼヴィッツはこのように防御を持ち上げつつも、防御を選択するのは基本的には自国・自軍が敵国・敵軍に比べて劣勢である場合に紐づけてもいる。

## †短期戦による勝利

これまでみてきたように、クラウゼヴィッツは戦争を俯瞰して、どのような要素で構成されているかなどの大きな枠組みで論じるが、他方で『戦争論』では、実際の作戦戦闘では何を優先として重視するべきなのかといった具体論についても言及する。

クラウゼヴィッツは、戦争を遂行するに際しては、その戦闘は可能なかぎり速やかに終えることを目指しつつも、同時に可能な限り勝利を重ねて戦果拡大を狙うことを基本的な考えとしている。戦争をいたずらに長引かせ、決定的会戦に至らないようなものは避けるべきだとする。

その前提として、自国と敵国で比較して全体的な絶対兵力が優勢であること、あるいは決定的会戦で敵軍に対して相対的兵力で優勢を確保することを大勝利の条件としている。さらに全体としては絶対兵力数が劣勢であっても、決定的会戦においてそれを優勢へと導くためには、指揮官の能力に大きく依存し、そのなかでは情報の価値と限界の知悉、欺瞞への精通、先にも触れた攻撃と防御の違いの掌握、地形の理解の程度が問題となる。

## †軍事的天才という考え

なお、クラウゼヴィッツはこれらに精通した指揮官を「軍事的天才」といった言葉を使って表現する。この「軍事的天才」は言葉のイメージが先行し、圧倒的な天才のような捉え方をされがちだが、クラウゼヴィッツが『戦争論』で使っている意味合いはもう少し一般的であり、指揮官が持つ知的・心理的素質を区分して炙り出すための論及手段として用いている。

繰り返しになるが、全体的な絶対兵力が劣勢な場合、軍人がそれ自体を覆すことはできないが、有能な指揮官が巧みな指揮統率を発揮し、相対的優位に立つべく努めるのをよしとする。

この絶対兵力の程度は政府によって決定される。そして、この決定とともにすでに本来の軍事行動が始まっていて、これは軍事行動のまったく本質的かつ戦略的部分であるが、ほとんどの場合、この戦力を戦争に導く任にある最高司令官は、兵力の決定に参画し得ないとか、あるいは、種々の事情に妨げられて兵力の十分な拡張を行ない得ないとかのために、その絶対兵力を所与のものと見なさねばならないのである。それゆえ最高司令官に残されたことは、巧みな兵力の利用によって、絶対的優位が得られない場合でも、決定的な瞬間には相対的優位を作り出すべく努めることである。(『戦争論』第三部第八章)

ここから敷衍されるのは、戦争においては絶対兵力の優劣だけでは勝負が決まるわけではないということである。

### †欺瞞・奇襲・情報について

このようにクラウゼヴィッツは自軍を要点に置いて最大限に集中させ、相対的優位に立つことを指向したが、戦略・作戦・戦術それぞれのレベルにおいて欺瞞や陽動作戦などは効果が不確実だとして、それほど重きを置いていない。こうしたものは劣勢にある側が相対的優位に立つ選択肢を失ったときの最後の手段として考えている。

また、奇襲については戦術レベルにおいては成立し得ても、それよりも高位の戦略・作戦レベルでは難しいとしている。情報（情報活動を通じて手に入るインテリジェンス等）については、クラウゼヴィッツは基本的にはあまり信頼を置いていない。戦争とは不確実性と複雑性が入り乱れ、「摩擦」が生じるなかの相互作用である以上、敵と味方の双方が完全な情報などは手に入らぬままに行動を迫られ、結果的に絶えず攻守攻防が変動するためである。

## †戦争の形態について

クラウゼヴィッツ自身が『戦争論』を完結させる前に逝去し、残された原稿のなかで第一篇第一章だけが完全だったことは先にも述べた。このことは『戦争論』の本編ではなく「覚え書」のなかに記されており、すでに書き上げた原稿についても書き直しをしなければならないとしている。ただ読者が偏見を排除し、真理を求める態度でそれらの原稿に向き合ってくれるならば、長年の思索と研究成果を読み取り、そして従来の考え方を根本的に変えてしまうテーマをいくつか見出し得るともいっている。

クラウゼヴィッツは『戦争論』の原稿を書き上げるなかで、戦争がどこまで理論で語れるのかを限界まで模索し、戦争のあらゆる現象にみられる要素を還元しながらその関係性について論証しようとした。

これは、こうした努力がある部分では哲学的構築を含み、現実の戦争を前にして理論化は不可能との批判を受けることを承知しての試みであった。その長年の思索の結果として、最後に「絶対戦争」と「現実の戦争」とはまた別のアプローチで戦争を二つの種類に分けて考察する必要性について述べている。

すでに清書されている最初の六篇を、私はまったくもう一度書き直さなくてはならない不完全なものとしてしか見ていない。この書き直しの際に二種類の戦争ということが常に鋭く観察されるだろう。そしてこのような観察によってあらゆる理念がより鋭い意味をもち、はっきりした規定を得、より正確な適用を受けるだろう。この二種類の戦争とは、すなわち一方は敵対者を政治的に否定するものであれ、単に抵抗力を奪い、そしてあらゆる任意の和平を強いるものであれ、とにかく敵対者を打倒することを目的とするものである。他方は単に敵対者の国境でなにがしかの侵略を企てることである。その侵略した国境を保有するためであれ、それを和平の際に有効な交換条件として持ち出すためであれ。一方から他方への諸段階はもちろん種々あり得るかもしれない。しかし両者の目指すまったく違った性質は常によく把握しておかねばならぬことであって、その折衷はあり得ないことなのである。（『戦争論』「覚え書」）

## †第一種の戦争と第二種の戦争

これによれば、戦争には二つの種類があり、それは第一種の戦争と第二種の戦争に分けられることになる。第一種の戦争は敵を政治的・全面的に抹殺することを指向し、第二種の戦争は限られた国土・領土の取り合いで、制限戦争の概念に近いといえる。

本章のはじめの部分で、第一篇第一章に取り上げられている「絶対戦争」と「現実の戦争」という概念について説明した。ここで取り上げた二種類の戦争はいずれも「現実の戦争」のなかの形態であるといえるが、第一種の全面的な抹殺を狙う戦争は、限りなく「絶対戦争」に近いかたちで生起しえる。

『戦争論』では、現実には「摩擦」が起こるので「絶対戦争」自体はないとは言うものの、それに近い形で戦争が生起しないとはいっていない。こうした視座は複雑ではあるかもしれないが、自国が武力戦を遂行せざるを得ないときでも、その全体指導と終末構想のあり方の妥当性を検討する枠組みとしては有効だと思う。「絶対戦争」と「現実の戦争」、「第一種の戦争」と「第二種の戦争」を単純に対立する二つの異なった概念として扱うのではなく、それぞれを並立させた上で振り幅のなかで相互作用という視座により考えていく。

たとえば、自国と他国の国境線にある領域や島々、あるいは自国付近の第三国の主権や領土をめぐる紛糾から武力紛争に至ったとする。自国がそれを第二種の戦争に近いものであるとして互いに一定の制限を行い、過度にエスカレーションしないで武力戦が終わると考えても、他国にとってそれは国家の威信や名誉に関わるもので、敗北は絶対に受け入れられないとなれば、次第に政治的・全面的な抹殺を狙う第一種の戦争に近いものへと発展する可能性がある。そうなると自国はそもそも戦略の根本を見直さなければならないが、武力戦の最中にそれに気づくようなあり方では自国にとっては悲惨なものになる。クラウゼヴィッツは二つの概念でそれぞれ戦争の振り幅を提示したが、これらは戦争と戦略のあり方を徹底的に思考実験する上でいまなお価値を含んでいる。

## 3　クラウゼヴィッツとその時代――プロイセン、ロシアでの活躍

### †クラウゼヴィッツの出身

カール・フォン・クラウゼヴィッツは一七八〇年ベルリンの南西にあるブルクという小さな町で、形としては貴族階級の家庭にその生を享けた。ただ、貴族とはいってもクラウゼヴィッツの家系は三十年戦争を機に没落しており、祖父は神学教授、父親は退役中尉で

税務署勤務という実態としては中産階級の出身であった。

クラウゼヴィッツは十二歳のときに少年兵（士官候補生）として初陣を迎え、フランス軍をラインラントから駆逐する戦闘に参加している。そこでは散兵の戦いや小部隊の戦術などについてわずかなりとも知見を得ることになった。

十五歳でプロイセン軍陸軍歩兵少尉に任命され、将校として部隊勤務を行った。その時の連隊長が教育熱心であり、クラウゼヴィッツは軍事に対する知識だけでなく文学や歴史などの基礎的な教養も磨くことになった。二十一歳でベルリンにあった陸軍士官学校の三年間コースに入校するが、ここでクラウゼヴィッツの生涯を方向づけ、大きな影響を与えたゲルハルト・フォン・シャルンホルストに出会った。

### †シャルンホルストとの出会い

シャルンホルストはこの時すでにプロイセン陸軍の再建などに貢献してその名を成しており、士官学校には副校長兼教官として赴任し、後に校長になっている。シャルンホルストは農家の出身であり、父親は退役した下士官であった。軍事の実務と理論の両方に通じたシャルンホルストの講義スタイルは学問の自由を尊重するものでありながら、同時にその軍事学の講義についていくためには高度な教養が要求された。

そこで学び、努力を重ねたことでクラウゼヴィッツはクラスの首席で卒業し、シャルンホルストの推薦もあってアウグスト親王の副官になった。ときにクラウゼヴィッツは二十三歳、親王は二十四歳であった。親王の副官になったことで宮廷社会に出入りし、夜会や舞踏会への参加など社交の嗜み(たしな)が求められた。

そこは軍事学の知識だけでは生きていけない世界であり、クラウゼヴィッツはこの機会にシラーやゲーテの文学、カントの哲学といった著作を一層読み込み、これらの講義にも積極的に参加している。こうした研鑽が『戦争論』の背骨となる論理的かつ弁証法的な思考や考察の力を磨いた。そして、この時期に生涯のパートナーとなるマリー・フォン・ブリュールと出会っている。

## †イエナの敗北

一八〇六年、プロイセン軍はイエナとアウエルシュタットの両方でナポレオンの軍隊の前に敗北している。当初、クラウゼヴィッツはナポレオンのヨーロッパ支配の流れを阻止する手段としてこの戦争を歓迎こそしていたが、勝利への確信を持っていたわけではなかった。

プロイセン軍は兵力数の上で圧倒的に差を付けられており、加えて軍内部も一枚岩ではなく、参謀長を務めていたシャルンホルストなども自らの方針を貫徹することは叶わなかった。プロイセン軍は組織マネジメントや補給などもうまくいかず、それが作戦の速度にも影響を与えた。

他方、フランス軍は迅速にプロイセン軍やその拠点を駆逐していき、周囲の友軍が降伏していくなかでもアウグスト親王が大隊長、クラウゼヴィッツがその副官を務めた近衛大隊はフランス軍に対して可能な限りの抵抗をしている。近衛大隊は組織的戦闘力を維持しつつ、友軍の後衛となってその退却を弾薬が尽きるまで支援した後に降伏した。

### †フランスで捕虜として

親王とクラウゼヴィッツはフランス国内で捕虜として囚われの身となったが、その生活はそれほど厳しくはなく、フランス語を学びながらパリを見学する機会なども与えられた。十カ月ほどの捕虜生活でフランスの社会や文化に触れ、クラウゼヴィッツにとっては自国プロイセン敗北の理由を考える機会となった。

プロイセンの政府は外交政策の手段として戦争を位置づけることなく、同盟外交なども十分に行わないまま、軍に対して困難な任務を下した。また、プロイセン陸軍は非効率で迅速さには欠けたが、各級指揮官と部隊が決戦に向けて積極的に訴えていれば一方的な敗北を被らずに済んだだろうと考えた。クラウゼヴィッツはプロイセンに戻ってから、シャルンホルストの下で改革へと挑む原動力を培った。

## †軍事改革への取り組み

プロイセンに戻ったクラウゼヴィッツはフランス軍が駐留するベルリンを避け、少将になったシャルンホルストとその参謀を務めるグナイゼナウ中佐のもとで軍事改革に力を尽くした。そのなかで一八〇九年になると情勢に変化が見え始める。

ナポレオンがスペインで起きた国民の蜂起とゲリラ戦に苦戦しているなかで、オーストリアがナポレオンに宣戦布告し、ヨーロッパ全土で「ナポレオン不敗」と謳われていたものが揺らぎ始めた。

プロイセン国王は表面上ではナポレオンとの関係を巧みに維持しつつも、国内の改革にも一定の理解を示すようになった。一八一二年にはナポレオンはロシアへ侵攻するが、それに先立ってプロイセンに対して発進のための拠点としてその領土を使うことや、侵攻軍に兵力を出すことを要求し、それを認めさせた。

これに対してクラウゼヴィッツは明確に反対をしており、これに対する政治的意見をまとめて公表することを試みているが、グナイゼナウの説得によって取りやめている。未公表で終わったその文書はいまでも残っており、そのはじめの部分では、国民にとって最も大切なのはその国民としての品位と自由であり、これは血を流してでも守られねばならないものだと率直に述べている。クラウゼヴィッツは『戦争論』のなかで、政治に軍事が従うことが原則であると述べつつも、政治目的が具体的にいかにあるべきかということについては直接的には述べていないが、自らの政治的信条としてはリベラルな側面を強く持っていた。

## †ロシア軍に入る

結局、クラウゼヴィッツはプロイセン軍を辞してロシア軍に入り、ナポレオンと戦うことになるが、ロシア語をほとんど解さなかったのでその役割は限られたものになった。それでも戦役の後半ではプロイセン予備軍団司令官を説得してフランス軍から離脱させ、ナポレオンの戦力を一部削ぎ取ることに成功している。

その後、プロセイン国王は反ナポレオンへと態度を変え、フランス軍と戦うことになる。このときクラウゼヴィッツはプロイセン軍への復帰を国王に願い出ているが一連の行動が警戒され、却下となった。最後にはプロイセン軍への復帰が認められ、史上有名なワーテルローの戦いでは、ナポレオンの軍事活動に終止符を打つブリュッヘル軍の第三軍団参謀長として働いた。

　ナポレオンが表舞台から去り、和平が実現した後の数年間、クラウゼヴィッツはグナイゼナウの人事により新設されたコブレンツに司令部を置く第八軍団の参謀長を務めた。そしてグナイゼナウが健康問題を理由に軍を去ると、クラウゼヴィッツは一般士官学校長を命じられた。

### †士官学校長として

　ここは参謀将校、高級副官、教官を養成するのが主たる機能であり、いわゆる陸軍大学校と同じであった。クラウゼヴィッツは校長に赴任するに際して大佐から少将になっており、年齢が三十八歳だったので早い昇進ではあった。ただ、ナポレオンとの戦いが終わり反動復古の流れが強まっていたプロイセンにおいて、クラウゼヴィッツは改革派として警戒されていた。校長としての役割は規律維持に関するものなどに限り、教科内容については口出しすることができなくなっていた。この地位には一八三〇年に第二砲兵監で転出するまでの十二年間にわたって留まった。

　改革を志す身としては閑職に就かされた失意もあったであろうが、『戦争論』の原稿はこの十二年間でじっくりと思索と推敲を重ねながら書き上げられていった。クラウゼヴィッツはブレスラウの第二砲兵監として、ポーランドで起きた動乱への対応にあたるなかで急逝している。一八三一年、享年五十一であった。死因はこの動乱で流行り病となったコレラが起因となる発作的な神経性ショックによる心臓麻痺であったとされる。

## †クラウゼヴィッツの評価

クラウゼヴィッツが著した『戦争論』は、当人の没後にマリー夫人の手によって出版にこぎつけられたことはすでに触れた。その初版本の数は千五百部であったが売れ行きは芳しくなかった。第二版が数十年後に発行されているが、それは論旨が意図的に改竄(かいざん)されている(現在読むことができるものは初版をベースにしている)。

クラウゼヴィッツの戦略思想や理論がどのくらい後世の読み手に理解され、そして影響を与えたかを考えることは実のところ容易ではない。『戦争論』のなかから文章が広く引用され、それぞれの時代に主流となっている軍事ドクトリンを権威づけるためなどに使われることもあったが、『戦争論』の本旨からみれば誤用としかいいようのないものもあった。

『戦争論』が出版されて以降のプロイセンでも、政府や軍がその戦略思想や理論を採用したという決定的な確証は残っていない。クラウゼヴィッツ以後に起きた戦争は『戦争論』

の一定の妥当性を証明したとはいえるだろうが、『戦争論』が教訓材料として導入された例を見つけるのは難しい。それは『戦争論』が難解な書物であったことが大きく作用している。手に取った軍人たちの知的水準が高かったとしても、マニュアル的なジョミニと哲学的なクラウゼヴィッツのどちらを好むかと問われれば、目の前の実務や任務に直面した者たちの多くは前者に軍配を上げるかもしれない。

しかしながら、ナポレオン戦争に衝撃を受けて戦争とは何かを真正面から取り上げ、戦争の複雑な諸要素を細かく分析し、その連関を研究したクラウゼヴィッツの価値は現代においても輝きを放っている。

## †クラウゼヴィッツの「後継者」モルトケ

クラウゼヴィッツの「後継者」ともいわれるモルトケやシュリーフェンについてもみておきたい。ヘルムート・フォン・モルトケ（大モルトケ、一八〇〇〜一八九一）とアルフレート・フォン・シュリーフェン（一八三三〜一九一三）は、クラウゼヴィッツ以後の十九世紀半ばから第一次世界大戦、さらには第二次世界大戦に至るまでのプロイセンそしてドイツの戦略思想に強く影響を与えた。この両者に共通する戦争観の一部は、敵を戦闘によって撃破することを追求し、それによって迅速で決定的な成果を得るというナポレオンの教訓をベースに、技術的進歩を積極的に取り入れた攻勢作戦に重きを置くものであった。

モルトケはクラウゼヴィッツのように形としては貴族に生まれたが、それほど裕福ではなく一時期デンマーク軍に少尉として籍を置くが、後にプロイセン軍へと軍籍を変えた。モルトケは士官学校に入学し、当時の校長はクラウゼヴィッツであったが、接点を持たないままに極めて優秀な成績で卒業している。モルトケがクラウゼヴィッツの著作を読むのはその没後であった。

モルトケは読書と音楽を好み古典教養にあふれた人物であり、四十二歳のときに二十六歳年の離れた十六歳の義理の姪と結婚して円満な家庭を築いている。モルトケの軍人としてのキャリアのほとんどは参謀本部を中心としており、一八五八年に参謀総長に就任してからは三十年の長きにわたってその地位に留まった。

### †モルトケの戦略的包囲

その間に一八六六年の普墺戦争、一八七〇年の普仏戦争などを指導している。技術的進歩による新兵器と戦線や規模の拡大により、戦争はクラウゼヴィッツの時代よりもその複雑性を増すことになった。

プロイセンはその地理的特性から常に複数の正面で作戦を強いられる可能性を持ち、長期戦が難しくありそれへの打開策が求められた。この時代の火力の進歩により戦場での正面攻撃は多くの犠牲をもたらし、加えて戦線の規模が拡大したことで、戦場における戦術レベルでの包囲が難しくなり始めていた。このなかで決定的勝利を得るために、さらに積極的な攻勢作戦へ昇華させる必要を感じたモルトケは、そのためにより大きな規模での戦略的包囲を編み出すことになった。

## †外線作戦の使用

電信や鉄道が活用され始めたことにより、プロイセンの各軍が異なった経路を使用し、分進しつつ一点の目標に向かうことや、それに伴って動員、集中、移動、そして戦闘と連続するプロセスのなかで戦略、作戦、戦術各レベルでの諸要求が融合可能となり、戦略的包囲の実現につながった。もう少しシンプルにいえば、ナポレオンなどは各軍が戦場で戦闘に入る前の段階で、各軍を集結させて戦闘力を一つに集中して敵軍に向かった（前章の内線作戦の部分を参照）。これに対してモルトケは戦場まで各軍がそれぞれ分進し、戦場において数方向から敵に向かって戦闘を行いながら、戦場において戦闘力を集中させていくことを目指した（これは外線作戦といった概念になる）。

このような外線作戦を使い、自軍は主動を確保して敵軍の一部か全部を包囲し、そこから包囲戦と殲滅戦を追求して撃破する大規模な構成作戦の構想に基づき、一八六六年の普墺戦争に勝利をおさめている。

### †弟子を自称したモルトケ

一八七〇年の普仏戦争では、当初は内線作戦を用いながら柔軟に対応することで、フランス軍を凌駕する速度で兵力の相対的優勢を確保するべく努めた。ひとたび優勢を確保し、各軍が互いに支援できる距離に入ると、これらは敵軍の正面と翼側に同時攻撃を加えて敵軍を撃破した。数個に及ぶ軍が運動し、決定的な会戦において集中して戦闘に投入されるこれらの連携は、モルトケが采配を振るう戦争の特徴となった。

モルトケはこうした作戦を実行可能とするためにも、発展途上であった参謀本部をよりシステマチックにし、全般的な戦争計画を定め、その上で各部隊が一定の自発的裁量を発揮できるようにした。

モルトケはクラウゼヴィッツを好んで読み、そしてクラウゼヴィッツの「弟子」であると自称している。ただ、モルトケは組織や作戦の領域においてクラウゼヴィッツと意見を同じくしているわけではない。また、国家と軍隊、政治と軍事の関係はある程度同じ意見であるとも読めるが、モルトケはクラウゼヴィッツに比べて軍事指揮官の作戦遂行については政治からの自由裁量を許容し、「独断専行」も可とする部分がある。

### †もう一人の後継者シュリーフェン

モルトケが総参謀長のポストを降りた後でしばらくすると、シュリーフェンがその地位を継ぐことになった。シュリーフェンは、モルトケが編み出した迅速な戦略的包囲が対フランス、対ロシアの二正面戦争のリスクに直面するなかで、戦争を遂行するために効果を期待し得る唯一の手段とみなし、それを磨くことに精力を注いだ。シュリーフェンは、そのポスト在任中に対フランス作戦計画を十六、対ロシア作戦計画を十四、二正面作戦計画を十九策定している。この二正面作戦計画は、一正面で迅速な勝利をおさめて、もう一方へと転じて勝利することを基本とする構想であったが、第一次世界大戦で最後には失敗に終わっている。

それでもこの考え方はその後のドイツの軍人たちの気持ちを摑んで離すことはなく、第二次世界大戦の電撃戦もこの延長線上で戦われることになった。他方、モルトケ以降の戦略に携わることになった軍人たちは軍隊の自律性をより一層求めていく傾向を強めた。その流れのなかで『戦争論』は表面的には時々引用されたが、それはクラウゼヴィッツの本来の意図したものからは乖離していることが多かった。

第五章

# マハン

アルフレッド・セイヤー・マハン(1840-1914)

# 1　マハンの戦略思想①――海上権力とは何か

## †海洋の戦いの歩み

ジョミニ、クラウゼヴィッツ、モルトケが歴史の表舞台から去り、十九世紀の後半に入ると植民地獲得をめぐる競争から国家間の対立も激化し、戦争の規模もより拡大していく。西欧列強などがアジア、アフリカ、極東、バルカン、太平洋諸島にその勢力を拡大していく過程で、ときに苛烈な外交戦と武力戦が起きることになった。

こうした戦争が可能となったのは産業革命以降に海軍が蒸気船を軍艦として採用し、後に鋼鉄艦を実用化してその力が急速に増強されていったことにもよる。歴史上、鋼鉄を用いた装甲艦が互いに砲を撃ち合って戦闘をしたのはアメリカ南北戦争（一八六一～一八六五）の「ハンプトン・ローズ海戦」（一八六二）からとされる。互いに数時間にわたって砲火を交わしているが、装甲が火力に勝ったことで戦死者は出なかった。

海軍自体は古代からのもので、海戦は古くはギリシャのサラミスの海戦など数多存在している。十五世紀から大航海時代が始まり、スペイン、ポルトガルなどがアフリカ、アジア、アメリカの各地に植民地をつくり、徐々に本国とその間を結ぶ海上交通路の価値が認識されるようになった。十六世紀半ば以降には商業の拡大とともに海上交易が発達し、それに伴い造船の技術も進化して遠洋航海ができるようになった。これに並行して海軍のあり方にも変化が生じ始めたが、その活動範囲は沿岸からさほど離れていない海域をメインとするもので、イギリスなどの例外は除き、海軍は陸軍に比べるとその立場は弱いものであった。

十七世紀以降、海洋覇権や植民地獲得をめぐる争いが激しくなるにつれて海洋全体が戦域戦場となり、まずは海洋国家として成長してきたオランダがイギリスに挑んで敗れ、十七世紀の終わりからはフランスがイギリスと争うことになった。十九世紀の初頭にはナポレオン戦争の最中に、イギリス海軍がフランスとスペインの海軍からなる混成艦隊を撃破（トラファルガーの海戦、一八〇五）するのに成功し、以後、イギリスは海洋覇権を一世紀にわたって手に入れた。こうした海戦史の歩みのなかで、戦争をする国家間では互いの艦隊が交戦する艦隊決戦の原型のような戦闘が行われると同時に、商船に狙いを定めて攻撃する通商破壊戦も多く行われた。蒸気機関が採用される以前の時代において、複数の帆走軍艦で構成される艦隊同士の戦闘でもその陣形は重要視された。ただ、帆走軍艦は甲板が帆によって場所がとられており、舷側の船腹を中心として設置された火砲の砲弾は船の横向きからの発射に限定されたので、陣形は軍艦が一直線に並ぶ「縦陣」が基本となった。敵味方双方がそれを駆使して互いに同方向に並走して撃ち合う、あるいはすれ違いながら撃ち合うなどの形で多くの戦闘が行われた。こうした帆走軍艦の時代を経て、先に触れた鋼鉄艦同士が戦闘を行った「ハンプトン・ローズ海戦」以降の数十年で海戦の様相は大きく変わっていく。

### †近代海戦「黄海海戦」「日本海海戦」

近代日本が経験した大きな海戦といえば、日清戦争時の「黄海海戦」（一八九四）と日露戦争時の「日本海海戦」（一九〇五）が有名である。「黄海海戦」は日本の連合艦隊と清国海軍の北洋水師（北海艦隊）が戦闘を行ったものだ。連合艦隊は船体と比べるとアンバランスともいえる大きな砲を据え付けた松島型海防艦三隻を主力とする主隊と、これらと比べると防御力に劣る巡洋艦を主力とする第一遊撃隊が、それぞれに艦隊が一直線になる「単縦陣」と呼ばれる陣形をつくった。一方の清国の北洋水師は、ドイツ製の巨大装甲艦定遠・鎮遠を主力として各艦船が進路を並行に取りながら一線に並ぶ「単梯陣」と呼ばれる陣形をつくっている。

この海戦において連合艦隊の松島などの主隊が持つ巨大砲から放たれた砲弾は命中しな

かったが、第一遊撃隊の巡洋艦が北洋水師の周囲を高速で機動しながら速射砲を猛射したことが効果を発揮している。これによって定遠・鎮遠に一定のダメージを与え、他の装甲艦や巡洋艦を撃沈し、戦いに勝利をおさめた。なお、連合艦隊は砲弾による被害や戦死者は出しているが、撃沈はされなかった。この戦いにより「単縦陣」による速射砲を主とした戦い方と、高速と低速の艦を分けて運用する考え方が評価され、受け入れられた。

日露戦争の日本海海戦で、連合艦隊では東郷平八郎が提督、秋山真之（さねゆき）が第一艦隊参謀、佐藤鉄太郎が第二艦隊参謀となり、欧州から半年以上をかけて回航してきたロシアのバルチック艦隊を邀撃（ようげき）して大部分を撃沈・拿捕し、史上まれに見る完全勝利に近い形での幕引きとなった（日本側の戦死者は百名程度で、ロシア側の戦死者は五千名近い）。この海戦では連合艦隊の戦艦の主砲が大いに働き、バルチック艦隊の戦艦を複数撃沈することに成功し、戦後は大型の艦に巨大な砲を据え付ける「大艦巨砲主義」と、これらの艦で艦隊を組み、決戦で雌雄を決する「艦隊決戦主義」が日本海軍で長く正当性を持つことになった。

### †海軍の戦略思想とマハンの登場

帝国主義が現れた十九世紀後半から二十世紀前半にかけて、イギリス、アメリカ、フランス、ドイツ、ロシアなども海軍力の強化を図り、戦略思想の研究が盛んとなった。この時代に現れる海軍の戦略思想をシンプルに分けると、海岸の要塞を基地とする沿岸防衛を軸とした「要塞艦隊」思想、海洋に赴いて自国の商船隊の護衛、敵国のそれの破壊（通商破壊）、敵海軍に決戦を挑み、制海権を確保するなどの任務を帯びる「現存艦隊」思想になる。

帝国主義時代に現れた海軍の戦略思想家には陸軍海軍一体の用兵を唱え、『海洋戦略の諸原則』を著したイギリスのコーベット、基本原則として集中の原則を挙げ、『海戦史論――その戦略と戦術』を著したフランスのダリウ、水雷戦術の重要性を述べ、『海軍戦術論』を著したロシアのマカロフ、そしてアメリカのマハンがいる。これらのなかでも『海上権力史論』『海軍戦略』などの著作に代表されるマハンが有名であり、本章ではマハンを取り上げ、その戦略思想をみていく。

かつて世界各国の海軍関係者に大きな影響を与えたアルフレッド・セイヤー・マハン（一八四〇～一九一四）。その戦略思想において、海戦の目的は決戦を追求し、敵海軍を全面的に殲滅することであり、艦隊の集中によって敵艦隊を撃破し、制海権を確保するべきと説いたことが一般的に知られている。

現在でもアメリカ海軍大学校では、第二代校長を務めたマハンが海軍少将の制服に身を包んだ肖像画が飾られている。代表的著作である『海上権力史論』は一八九〇年に出版され、それまでは一介の海軍大佐であり、その存在を世に知られていなかったマハンはこれにより世界的に有名な存在となった。

後にアメリカ大統領になるセオドア・ルーズベルトは出版直後に『海上権力史論』を読み、わざわざマハンに手紙を書いて送り、その内容を絶賛している。ドイツ皇帝のヴィルヘルム二世もまた『海上権力史論』を夢中で読み、その内容を高く評価し、自らの海軍増強政策に反映させている（なお、第一次世界大戦に敗れて亡命した後には、「二十年前に『孫子』に出会っていれば」と慨嘆したというエピソードもある）。

日本ではこの作品が世に出たとき、偶然にも米国視察旅行に赴いていた当時枢密院書記官であった金子堅太郎が読み、帰国後すぐにその一部を訳し、海軍大臣だった西郷従道に進呈した。西郷はこの内容を海軍の外郭団体・水交社の雑誌に掲載させ、この本の存在が日本に知られることになった。また、マハンの戦略思想は日露戦争において連合艦隊の参謀として勤務した秋山真之や、後に「日本のマハン」とも呼ばれた佐藤鉄太郎などにも深い影響を与えている。

## †歴史における科学的な基本法則

マハンには自らの出世作となった『海上権力史論』以外にも数多くの著作物があり、それらが網羅するテーマは、戦略論、歴史、伝記、時事評論、国際政治、海軍問題、歴史哲学、宗教論など多岐にわたる。マハンは海軍軍人、海軍史家としての立場にこだわらず、様々な視座から物事を考えて健筆をふるったが、その論は当然ながら称賛と批判の両方を受けた。

マハンに名を成させた『海上権力史論』は、元々は海軍大学校で講義を受け持つ際の講義録として著されたものだ。マハンはそれを構想するにあたって、海軍大学校の初代校長であったルース准将に相談をしている。ルースは海戦史を深く研究し、世界でそれまでに起きた海戦を分析すれば、科学的法則性がどこにあるかを認識でき、それに反すれば敗北をもたらすことを検証できるとの考えを持っていた。

つまり、歴史は科学的な基本法則や原則を見出すための材料として活用し、そこから教訓を得るべきだという思考であった。マハンの著作はルースのこうした考え方を下敷きにしている。本書ではこの『海上権力史論』に加えて、同じく大学の講義録として著された『海軍戦略』を中心にしてマハンの戦略思想をみていきたい。

### †シーパワー・海上権力という概念

マハンの戦略思想のエッセンスは、「海上権力・シーパワー」という言葉に集約される。

なお、この言葉はマハンが世の中の注目を引くために、キャッチーな表現を求めた結果として用いたもので、その目論見は成功をおさめた。他方で、マハンはこの「海上権力・シーパワー」という意味合いを正確に定義しないまま、自らの論考を進めていくところがある。

したがって、「海上権力・シーパワー」という言葉がどのような意味合いで使われているかを踏まえた上で読むことが必要になる。「海上権力・シーパワー」という言葉は、基本的には二つの意味を持つ。簡潔にいえば、一つは「海軍力・ネイヴァル・パワー」の優勢によって可能となる海洋の支配であり、文字通りシーパワーという語感に近い。もう一つはそれよりも定義を広げ、海軍力に加えて海運業や商船隊を含め、そこに海上貿易、海外領土、外国市場を活用する権能複合体で、海洋国家のコンセプトに近い。

## †『海上権力史論』の構成と緒言

『海上権力史論』は緒論と十四の章で構成されている。その基本的なスタイルは演繹的であり、緒論においてマハンなりに軍事史を通して、そこに一定の原則があるという考えが命題として示される。それに続く第一章ではマハンの見解である海上権力・シーパワーが国家に及ぼす影響、海軍が存在する意義、海上権力・シーパワーの連鎖の輪、海上権力を構成する六つの要素について論考が進んでいく。

第二章以降は十七〜十九世紀初めまでの海軍史であり、イギリスのフランス、オランダ、スペイン、デンマークとの海戦、それに至った政治的理由、海戦の結果としてもたらされた政治的、経済的、軍事的な影響を論じつつマハンの見解を検証している。緒論の冒頭でマハンは海上権力・シーパワーといった言葉を軸にして、国家と国家の間で海上交易などをめぐって起きる戦争において、その言葉がどれほどの意味を持っているかを命題として挙げる。

シーパワーの歴史は、すべてとは言わないまでもその多くは敵対あるいは戦争にいたる暴力の行使といった国家間の闘争の記録である。国家の成長と繁栄を支配する諸原則が発見される以前から国家の富と力に対する海上交易の影響は明らかにされていた。海上交易による利益の分け前を最大限に自国民に確保するよう、国家は他の国々をあらゆる手段を使用して排除しようとしてきた。その手段は独占あるいは禁止条例といった平和的手段であったり、もしそれが失敗したときには直接暴力に訴えるものであった。商業上の利益、あるいは未開拓の遠隔地にある商業地域の利益のすべてではないが、より多くを占有しようとして競争することから対立や相互の憎悪が生じ、これが戦争に導いたのである。一方、他の原因によって起こった戦争も海洋を支配したか否かによって、その実施と結果が大いに左右されたのである。したがって、シーパワーの歴史は海において、あるいは海によって、国家を強大にするような、さまざまな要素を含んでいるが、その大部分は軍事史である。（『海上権力史論』「緒論」）

マハンは『海上権力史論』のなかで十七世紀の帆船時代からの事例を並べて自らの見解を検証していくのだが、当初はこの進め方に懐疑的であった。事実、帆船時代の海戦に関する知識を一体どのようにすれば役立つのか、教訓を導き出せるものなのかとルースに相談の手紙を送っている。

だがルースの助言もあって、結局のところ、歴史を通じてみえてくる一般的原則を発見できるとの信念に基づいて研究を続けた。無論、帆船とマハンの時代の蒸気による艦船では武器や戦闘様式は異なり、時代や環境の変化を超えてまで継承できるものではないが他方でそれを超えて共有できる一般的原則や教訓があるとしている。

### †海上権力・シーパワーの構成について

先に海上権力・シーパワーの定義について触れたが、マハンはこれについての論を第一章で展開している。

まず、海上権力・シーパワーを構成する国家が持つ源泉として次の六つを挙げる。①地理的位置（両海岸がシーレーン・通商路に面しているという島嶼性）、②天然の産物および気候を含む自然構造（湾口を多く持つ海岸線）、③領土の広さ（資源や国富を供給可能とする基盤）、④人口（必要となる船員を供給可能とする基盤）、⑤国民性（海洋への志向性）、⑥国家の諸制度などを含む政府の性格（積極的な海洋政策を実行できる政府形態）である。

そしてこれらの源泉を基盤として、国家が打ち出す政策の鍵となるものを「生産」、「海運」、「植民地」といった三つの要素の連鎖関係で捉える。国のなかで生産活動が営まれて生産物が出ると、そのために貿易の必要が生じ、海運が求められる。本国と植民地などの間での交易であれば、海運の規模は拡大されていくとした。そして、この海運が安全無事に行われるためには商船隊と海軍力に加えて、それらのための拠点が必要とされるとした。

また、海外との貿易通商をより拡大させるべく、国家や国民性がそうした志向を持つかどうかが海上権力・シーパワーを発展させる鍵になるとした。そして、当時のアメリカの状況を取り上げ、まだ「生産」のみを有するだけだが、アメリカは国民性として海外への発展志向の素質を持つので、海上権力・シーパワーを持つ国家へと変われるはずだとした。

マハンは『海上権力史論』において自ら歴史を考察し、海上権力・シーパワーの概念を用いて自身の命題を展開していく。そして、海上権力を二つの意味合いで使っていることについては先に触れたが、マハンがこの海上権力・シーパワーという概念に独特の生命力を授け、それを有機体のごとく扱った背景には、「あらゆる時代を通じて、慎重に配慮され一貫した方針を持っていまだ明らかにされない目標に向かって進む神の意志の標示」（仏国革命時代海上権力史論）という信心深いキリスト教徒としての思想がある。

『海上権力史論』全体でその中核的な命題として取り扱っているのは、一六八八年から一八一二年までの間に海戦史のなかで、主としてイギリスを海上権力・シーパワーの名手として位置付けて礼賛し、フランスとの間で繰り返される戦争でその勝敗を分けたのは、海軍力の優位と制海権の掌握にあったとする。そして一八一二年にナポレオンが打倒されたことは、軍事的にも経済的にもシーパワーの最終的な勝利であるとしている。

### †マハンの戦争観

海上権力・シーパワーに強く立脚したマハンの戦略思想であるが、その戦争観がそもそもどのようなものであったかを明らかにする一文がある。

戦争というものは、たとえその性格が激烈かつ異例であるにせよ、要するに一種の政治運動にすぎない。その勃発の契機がいかに突然であろうとも、戦争はそれに先行する諸情勢のなかから生ずるのであり、戦争に至る一般的趨勢は、一国の政治家や少なくとも国民の思慮ある人士には、はるか以前から明らかなはずである。(『海戦軍備充実論』)

マハンは一般的にジョミニからの影響を受けているといわれるが、この戦争観に限っていえばクラウゼヴィッツのそれに近い。なお、マハンはこの『海戦軍備充実論』(一八九七)を書いていた時点では、クラウゼヴィッツの戦争論についてはほとんど知らなかったとされている。マハンがクラウゼヴィッツを研究したのは一九一〇年以降である。

## †政治と軍事の関係

マハンは、有事に速やかに行動できるに足る兵力を備えておくのは政府の責任であるとし、その規模については、国民にとっての国益がどこにあるのかを反映しなければならないとする。十分な陸海軍を編制しようとするならば、それは単純に各国の軍事力との比較でみるのではなく、世界の政治状況を考察するべきとした。アメリカが兵力の必要量を見積もる際には、いわゆる仮想敵国が最大限有利な政治状況において動員できる兵力を考慮しつつ、他方で現実から生じる制約要因なども含めて、その軍事力の整備や編制を検討すべきとした。

その上で軍事は政治に、戦略は政策に従属するというのがマハンの基本的な立場である。

本質的に、この問題は政治的な性格を帯びたものである。この政治問題にまず回答が出されないことには、軍事問題を規定しようにもその論拠すらないのである。けだし、軍事力は一国の政治的利益および文民の権力に仕え、それに従属するものだからである。（同）

こうした発想の上で、戦争を行う場合にはその目的を明らかにして、計画される各作戦の目標が戦争を行う政治目的に貢献するかどうかを常に検討しなければならないとする。そして、その目的がある領土や地点の占領であったとしても、そこを直接攻撃することだけが最善とは限らないとして、目的と目標の関係について論じている。これらは『海上権力史論』最終章の十四章で要約されている。

## 2 マハンの戦略思想②――艦隊の戦略

### †マハンの海軍戦略――海軍の存在理由と通商破壊

マハンは政治的・社会的見地から海という存在を公道として位置づけ、陸上に比べてより安全・安価に人や物を運べる通商の道として捉えている。平時にはこの通商の道に商船が行き交い、このことから海軍の必要性が生まれ、商船が消えてしまえば海軍もまた必要がなくなるとしている。

つまり、マハンは海軍を自国の通商保護をするものとして、その存在理由を考えている。他方で敵に対しては、その通商や交易を封止する考えも持っていた。ただ、その手段としては、ときとして海軍を自国よりも前方に展開させて敵の艦船を海洋から駆逐することを追求し、そのために圧倒的な海軍力を基盤として海洋を支配し、通商や交易を管制することを目指す。

敵の通商や交易を封止するといえば、商船をメインに狙った通商破壊を想起するが、これによって敵国に一定程度のダメージを与えることはできても、致命的なものとするのは難しく、海軍にとっては第二義的な作戦に過ぎないとした。

通商破壊は敵国の国力を次第に奪っていくことを目指し、通商破壊戦を持続させるためには、基地や艦隊による支援を必要とする。マハンは敵国の国力に大きくダメージを与えるためには、区々たる通商破壊戦によって個々の船団などを破壊するのではなく、敵の海軍と交戦して撃破しその海軍力を消滅させ、自国が支配したい海洋において敵の通商自体を断ってしまうべきだとした。

### †海軍の集中の原則

マハンが艦隊の運用にあたって最も基本的な原則としたのは「集中の原則」であった。これはジョミニが『戦略概論』のなかで述べていることの延長線上にあるといってよい。艦隊運用の戦略・戦術について敵艦隊とコンタクトする事前と事後で線を引き、戦略レベルの展開、戦術レベルの展開のいずれにしても自国の主力艦隊の戦力が敵のそれに対して優勢となるように配置し、他方、別に展開する敵の艦隊については、味方主力の攻撃が成功するまでの間、牽制しておくものとした。これを効率的に行うためにも艦船を単一にせず、戦艦を主力とする艦隊を構成して最大の力を発揮できるようにし、その艦隊は平時・戦時を問わずに分離するべきではないとした。そして、戦艦が中心となる艦隊の火力が指向される目標は敵艦隊にあり、それとの戦闘によって敵の組織的兵力を破壊し、制海権も得ることができるとし、海軍の原則的な考え方とした。

集中の原則は、全ての原則がそうであるように、単にその文字に表された表面的な意味ばかりでなく、その精神においても遵守適用されなければならない。したがって、文字に拘泥することなく、真の理解によって行われなければならない。集中の根本思想は、相互支援にある。すなわち、軍の各部隊が、互いに他部隊の負担を軽減する如く行動し、かつその配備が全軍の迅速な集団的集中を容易にすることをいうのである。したがって、各部隊が遠く離隔していても、なお相互に支援するという意義に適する場合もあり得るのである。(『海軍戦略』)

### †艦隊は攻勢的要素か防勢的要素か

自国艦隊が敵国艦隊を撃滅し、その制海権を得ることを目的とする以上、海軍は戦略・戦術レベルにおいて基本的には攻勢のために使用されねばならず、マハンは戦備としての視座からも艦隊を攻勢的要素としてみている。これは、マハンが海戦史を研究する過程において、自国が敵国に対して艦隊を派遣せずにその交戦を避け、代わりに比較的小規模な艦隊で通商破壊作戦などに終始するのみで、制海権を得るべく努めないのは敗北につながるという結論を得ていたことによる。

種類の点からいうと、戦備は二要素――守勢と攻勢の兵力――から構成される。前者は主として後者のために存在する。つまり、守勢兵力の目的は、戦争における決定的要因である攻撃兵力が、自国の利益や資源の防衛に顧慮する必要なく、もっぱら敵に対してその威力を存分に発揮できるようにすることである。海戦において、沿岸防衛は守勢的要素であり、艦隊は攻勢的要素である。沿岸防衛が十分であれば、艦隊司令長官には自分の作戦根拠地――海軍工廠と貯炭港――が安全だという保証がある。また沿岸防衛が完備しておれば、主要な通商中心地が防衛されているのだから、司令長官や政府はその安危を憂える必要なく、攻勢兵力すなわち艦隊を自由自在に活躍させうるのである。

（『海戦軍備充実論』）

### †戦略地点について

海軍を集中して運用することを原則としたが、それを可能とするためには根拠地（港湾など）が必要になってくる。艦隊は適時燃料などの補給を受けることが必要であり、自国から離れた地域において根拠地がなければ、艦隊の機能は限られることになる。

これについては平時から常に努めて確保しておかねばならず、ここが陸軍戦略と海軍戦略の違いと考えている。これらの根拠地を考えていく上で、海軍戦略や運用の視点からみて、地理上の地点をどのように考えるべきかについて言及していく。

地理上のある地点が持つ戦略的価値を決めるものとして、①「戦略線」からみたその相対的位置、②軍事的強度の程度、③軍事用資源（艦隊をサポートできる設備など）の程度を挙げており、特に①については地理的なものは変えられないので、決定的要素としている。ちなみに、この「戦略線」という言葉は作戦線、退却線、交通線などといった概念を含むものとなる。

この戦略地点を複数としてそれぞれを機能上連携させていくときに、「戦略線」といったものを机上で掌握して全体をみていく。このなかでも兵站に大きく影響する交通線について、マハンは後方支援の意味合いで使っているが、これを最も重要とする。

そして、補給を可能とする港湾などの根拠地を複数持つことが必要であるとして、「兵術とは、戦うために兵力を集中することに相当の注意を払うとともに、生存のために兵力を分散する術である」というナポレオンの言葉を引き、艦隊と根拠地の交通線を複数にすることで、後方支援を一つに頼らず、艦隊は集中を害しないまま、生存のための手段を分散することが可能であるとした。ただし自国以外のところに根拠地が過度に増えれば、無駄に兵力分散の愚を犯すことについても指摘している。

戦域における戦略地点を個々に考察し、相互の連関がないものと見なしてはならない。位置、強度および軍事的資源の三要素から個々の戦略地点の価値を決定したならば、各戦略地点相互の方位、距離、最適の航路等を考慮しなければならない。軍事について論をなす者は、戦略地点を結ぶ線を戦略線と呼ぶ。陸上においては、二つの戦略地点を結び、通行できる線は複数ある。これらの線はその用途によって、作戦線、撤退線、交通線——後方連絡線あるいは兵站線とも呼ばれる——等異なった名称が付与されている。海上では、他の条件が等しい場合、艦隊は通常、通航の所要時間が最短な線を採用すべきである。（『海軍戦略』）

### †海外遠征について

戦略地点や戦略線といった概念を用いて、海軍が自国から離れた地域でどのように運用されるべきかについて言及する一方で、自国から遠く離れたところで行う遠距離作戦、特に陸軍を輸送して行う海洋遠征については基本的に慎重な態度であった。それが大規模なものとなるならば、相当な期間にわたり、海軍力の優位が確保されない限りは実行するべきでないとした。

そして、海軍が陸軍部隊を輸送している間、陸軍は戦力としては機能せず、自らの力で防護できないことを指摘し、陸軍を目標地点に上陸させた後、陸軍は自ら防御に努め、海軍は速やかにその任務から解放されるべきとする。

それ以後は敵の海上兵力を駆逐することに努め、仮に海軍の戦力が優位にあるならば、積極的に敵の艦隊を求めて攻勢をかけるべきとした。

結局のところ、マハンは海軍とは本質的に攻勢をかけるための兵種であり、守勢においては副次的な立場に甘んじた場合においても、攻勢的要素を含む作戦においてはその主な役割を果たすと考えた。陸軍兵力を海上から投入する考え方は、二十世紀以降は徐々に海軍の大切な任務となっていったが、マハンはこれについて積極的な意義を見出すことなく、結果的には艦隊による艦砲射撃と陸上兵力による上陸作戦を連携させて考察することをほとんど省いてしまった。

## †要塞艦隊主義と現存艦隊主義

マハンは『海軍戦略』のなかで日露戦争の研究に二つの章を割き、日露戦争の海戦で日本が勝利し、ロシアが敗北した原因についてその見解を述べている。そのなかで要塞艦隊主義、現存艦隊主義という考え方を提示した。前者は要塞を中心に考え、艦隊は要塞を援護支援するために役割に徹するものとし、後者は艦隊に造修、休養、補給などの一時的な保護を与えるために要塞の役割があると考えるもので、ロシア艦隊はこの要塞艦隊主義に陥ったことにその敗因があるとする。

この分析のなかで、マハンの戦略・戦術についての思考過程が明らかになる。「要塞艦隊」「現存艦隊」といった二つの概念に対立がある場合、どれを現実的に採用するかを考え、直ちにその中間に答えを求めるやり方、マハンはこれを「折衷」と呼ぶが、これは正しくないとする。「要塞艦隊」「現存艦隊」が持つ様々な要素に対して同じ重要度を与えるのではなく、きちんと優先順位をつけて整理し、何が主で何が従であるかを決める。これを「調整」と呼ぶ。マハンはこの思考過程についてナポレオンの例を引き、「目標の単一性」とも紹介している。そして、「折衷」はすべての要素を公平に扱うように見えて、実のところすべての要素に対して妥協と譲歩を強いているのと同じであるとする。これについて、陸戦での考え方を引いて示している。

## 3 マハンとその時代——帝国主義と日露戦争

### †マハンが培った宗教観

アルフレッド・セイヤー・マハンは一八四〇年にニューヨーク州のウエストポイントで生を享けた。マハンの父であるデニス・ハート・マハンはアメリカ陸軍士官学校の教授を務め、ジョミニに深く敬意を払い、彼の研究はジョミニを出典とするものも多くあった。ただ、父のデニスが息子のマハンにジョミニについて何か薫陶(くんとう)を与えたのかどうかについては明確にはなっていない。

デニスはマハンを軍人にするつもりはなく、何か別の知的職業を志してほしいと願いコロンビア大学へと進学させた。だが、マハンは海軍を志してアナポリスの海軍兵学校に入学した。コロンビア大学時代にマハンは教会史の教授で牧師でもあった叔父のミロ・マハンのもとに下宿している。そこでマハンの生涯にわたって貫かれる、神の意志によって歴史が動くといった宗教的信念が培われた。

### †アナポリス卒業後

一八五九年アナポリスでは同期二十人中、二番目の成績で卒業した。少尉候補生となって艦隊勤務が始まり、二年後には南北戦争が勃発している。ただ、マハンは大西洋艦隊の一蒸気艦に乗り込み、メキシコ湾で海上封鎖といった直接戦闘には携わらない任務に就いて終わった。成績は二番目で卒業してはいたが、マハンの海上での操艦技量は高くはなく、軽度の座礁、衝突といったミスを複数回引き起こして以来、事故を恐れて艦隊勤務をなるべく回避しようともしている。

なお、マハンは少佐時代の一八六七年に蒸気スループ艦イロクォイ号の副長として日本に来て一年以上逗留している。幕末から明治への政治的転換期にあって、マハンの日本の心象は、家族や友人たちに送った手紙から読み取れる限りにおいては好意的なものであった(ただ、後に日本が近代化を進めるにつれて、マハンは日本に対して肯定的評価と否定的評価の両方を持つようになる)。

その後、海軍工廠、海軍兵学校教官などを経て中佐となり四十代半ばに達したマハンに転機が訪れる。それは、マハンが若い頃に海軍兵学校教官を務めときに面倒をみてくれたルースが准将に昇進して新設される海軍大学校校長となり、マハンを海軍大学校に招聘したことであった。マハンは艦上勤務の合間を縫って海軍について研究し、論考などを発表してきており、その業績を買われたのである。一八八六年に正式に教官として赴任したときには、ルース校長には艦上勤務の新たな辞令が降りており、マハンは大佐に昇進して海軍史と海軍戦略の講義を担当し、加えて校長職も引き継ぐことが決まっていた。

### †海軍大学校校長へ

当初の海軍大学校では設備も人材も限られており、マハンは校長として様々な苦労に直面した。マハンは校長職を数年間の艦上勤務をはさんで二期務めている。マハンを有名にした『海上権力史論』はこの間、艦上勤務の一八九〇年に出版された。それが大きなインパクトを持って世に受け止められたことは本章の冒頭ですでに述べた。

この著作が世界に知られるにつれて、マハンはイギリス訪問時にはヴィクトリア女王、首相ローズベリー卿、ロスチャイルド男爵、そしてイギリス海軍協会などからお声がかかり手厚くもてなされている。一八九六年に海軍大学での講義を最後に引退し、そこからは著述活動に専念した。マハンが遺した著作の数は単行本で二十冊を超え、新聞や雑誌での論説を含めるとその数はさらに膨らむ。

マハンは海軍引退後、一八九八年にスペインとの戦争が始まると大統領・海軍長官に助言するために設立された海軍戦争評議員に指名され、その後、ハーグ平和会議ではアメリカ代表団の顧問も務めた。一九〇六年には南北戦争に従軍し、退役した海軍大佐を対象に予備役少将とする法律が成立し、マハンはそれに預かり少将に昇進している。マハンが亡くなったのは一九一四年で、世界は第一次世界大戦へと突入していた。

## †退役後のマハン「大佐」

海軍を引退してからのマハンは「大佐」の肩書で時事問題や国際情勢などについても論じるようになる。それらを通して浮かび上がるマハン像には海外進出や帝国主義のプロパガンディスト、大海軍主義のイデオローグといった部分があるのは否めない。

そしてマハンは自らが生きた時代の思想的潮流、たとえばアングロサクソンの優越論、黄禍論、キリスト教文明の優位、人種による限界、東西文明の優劣などの影響を受けつつ評論をしている。

誰もがそれぞれ生きた時代の思想的潮流に少なからず影響を受けるのは当然であり、マハンをこのことで過度に批判するのは適切とは思えないが、読み手は今日の価値観とは異なる上で書かれていることを踏まえておく必要はある。

マハンは帝国主義者であると自ら認めていたが、最初からそうであったわけではない。

マハンが海軍大学校に教官として赴任する少し前、研究と思索を深めていた頃までは伝統的な反帝国主義者であったと告白している。よって、『海上権力史論』を出す一八九〇年までにはその考え方に変化が生じたといえる。

### †帝国主義へ

先にも触れたが『海上権力史論』はイギリスを礼賛して見習うべきとし、大部分でその海軍作戦について論じている。本章で取り上げた海上権力・シーパワーの六つの要素もマハンが歴史から教訓として得たものを命題にしているが、当時のアメリカは海軍力がまだ発展途上であった。その上、民主主義という政体が海外遠征に対して否定的で、海外に植民地・拠点も持つことなくアメリカ内陸部の開発を優先しており、海上権力・シーパワーを使いこなしているとはいえない状況であった。

ただ当時、パナマ運河の開通が現実的にみえてきており、これによってカリブ海の重要性は大きく変わるとマハンは考えていた。アメリカは速やかに海軍力を増強し、この地域に拠点を確保し、その艦隊を他の諸国を先んじて運用するべきとした。マハンが帝国主義へと転じていくのは、こうした主張と軌を一にしている。パナマ運河が開通すれば今度はアメリカ西海岸も脅威にさらされる。ハワイ、ガラパゴス、中央アメリカ沿岸までを視野に入れ、そこには諸外国の拠点を持たせるべきではないとし、後にハワイの即時併合を主張している。

## †中国の存在を意識

それでもマハンの視座はハワイまでであり、一八九八年にアメリカがスペインと戦争になり、フィリピンを領有した当初はこれに同調しなかった。ただ、これについても後に態度を変え、マニラ湾に海軍の拠点を持つべく論陣を張り、西太平洋における優勢を確立することを指向していく。この延長線上でマハンはアジア大陸を意識し、同時に中国について持論を展開するようになっていく。

義和団の乱の折、マハンは論説を書いているが、そのなかで目に見える脅威としてのロシアよりも、中国が孕むリスクに注目している。そして、当時すでに四億の人口を有していた中国に対して西欧諸国が過度に軍事力を誇示せず、平和のうちに通商を求めて、キリスト教的な道徳観を浸透させていくべきとしている。他方でアメリカから中国に至る航路を特殊権益と見なし、同時に太平洋において十分な海軍力を持つべきとした。

ヨーロッパでは物理的な実力を効果的にコントロールする影響力となった、より高度な理念のもつ矯正的かつ高潔な要素を抜きにして、中国が組織化された実力を伸ばす場合には、ヨーロッパ諸国に脅威を呈することになるのである。こうした観点から合理的に眺めると、宣教師の運動を平和的発展や進歩と相いれないものとして騒々しく非難することの愚かさかげんが明らかになる。なぜなら、キリスト教とその教義がヨーロッパ文明の精神的・道徳的要素として現に占める重要性は、物理学や自然科学の方式がヨーロッパ文明を築きあげるうえで果たした役割に比して、なんら遜色がないからである。
(「アジア状況の国際政治に及ぼす影響」)

わが国に課せられた任務は重大であり、事態は焦眉の急を告げている。そして、意図せずしてフィリピンを領有した結果、われわれ自身が準備したというよりも、わが国のために舞台がしつらえられたことは、あまりにも明白なので、最も謙虚な者ですら、そのなかに神の手をみてとる勇気が湧くのである。(同)

カリブ海や、将来建設されるべき運河を取り囲む(中米)陸地帯は、ハワイやフィリピンとあいまって、アメリカから中国に至る連絡路の主要拠点を構成するのであり、このルートはわれわれにとってきわめて重要度が高く、わが国の特殊権益をなしている。しかしながら、この航路はわが国にとって特殊権益以上の意義をもつ。なぜなら、それは国際関係の観点からしても、またわが国の現在および将来に対する義務という見地からしても、わが国が防護すべきものだからである。(同)

上記の諸状況に鑑みて、わが国は太平洋において可動海軍兵力を保有せねばならない。同時にまた、大西洋においても実戦に役立つ艦隊を維持せねばならないが、それは一般に考えられているように、主として——あるいは直接に——わが沿岸の防衛のためではない。なぜなら、いくら権利の擁護のための戦争であっても、艦隊は直接に沿岸防衛にあたるわけではなく、攻撃の手段となるからである。(同)

## 日本への警戒心

マハンは若かりし頃に日本を訪れ、そこで培われたものは日本への印象をある程度好意的に保った。ただ、日露戦争以降はときに日本人移民問題などをめぐって排日的になり、警戒心をむき出しにしている。

アメリカ海軍が日本と戦争に突入した場合の作戦計画(オレンジプラン)を策定するのは日露戦争以後の一九〇六年であるが、マハンはそれよりも前から日本に対する戦略を検討していた。日露戦争以前の段階でアメリカ海軍が艦隊配置について諮問すると、マハンは大西洋よりも太平洋正面に艦隊を集中するべきだと答申している。

なお、でき上がったオレンジプランの内容は、アメリカ海軍が日本海軍に決戦を強要して撃滅することで西太平洋の制海権を確保し、日本のシーレーンを封鎖して追い込むというものであり、これは太平洋戦争の前までの作戦戦略となっていた。この考えの原型はマハンの思想を採用したものである。

## †マハンと秋山真之

マハンの『海上権力史論』は日本でも大きなインパクトをもって受け止められた。その思想を実際に取り入れて日本海軍のあり方を変えた人物として、秋山真之と佐藤鉄太郎について言及しておきたい。秋山は一八九七年、大尉のときアメリカに留学しているが、機密保持上の制限があり、海軍大学校への外国人士官の入学が認められず、仕方なくマハンの自宅を直接訪ねて教えを乞うている。

留学前からマハンの著作を丹念に読み込んでいた秋山に、マハンは海軍大学校に期待するよりも、自ら戦史を精読して独自の見識を涵養するよう助言している。秋山はそれを受け入れて、ワシントンの海軍省にある資料室で戦史の研究に没頭した。一九〇〇年に帰国した秋山は海軍大学校の教官に任じられ、アメリカでマハンが開発に関わった「兵棋演習」「図上演習」を教科に取り入れている。そして講義では基本戦術を担当し、「ソレ戦闘ノ本旨ハ攻撃ニアリ」という考えを骨格とした。後にこれがベースになって海軍のマニュアルとなる「海戦要務令」がつくられた。

戦闘では決戦を追求し、速やかに敵艦隊を撃滅することを主旨とするこのマニュアルにはマハンの影響が色濃くある。ただ、秋山はマハンから大きく影響を受けてはいるが、すべてを無批判で受け入れたわけではない。マハンは制海権を確保することに重きを置くが、秋山は太平洋上で制海権を完全に保持することは難しいとし、敵艦隊を撃滅させることだけが勝利への道筋ではなく、敵の意志を屈することで足りるとした。

また、秋山はマハンを尊敬はしていたが、日本海軍がマハンを特別待遇で教官として招聘しようとしたときには、マハンの鋭利な頭脳を評価する一方で油断のならない人物として警告もしており、後にこの話は立ち消えになっている。

### †日本のマハン

佐藤鉄太郎は「日本のマハン」と呼ばれ、その思想や理論を日本の実情に合わせて変更・適用した。佐藤もやはりマハンを読み込み、一八九九年からイギリスとアメリカに留学をしており、そこでは秋山と同様に戦史の研究に没頭している。

佐藤は日露戦争で艦隊の先任参謀を務め、海軍大学の教官に任じられて「海防史論」の講義を行った。マハンを引用しつつ、講義のなかでは攻勢を第一として、決戦において敵艦隊を撃滅して制海権を確保すること、そのために全力を尽くすといった考えをメインとしていた。

マハンの影響を大きく受けていた佐藤であるが、海上権力・シーパワーをめぐっては日本の限界をわきまえていた。マハンは結局のところ、海上権力・シーパワーといった概念をもとにアメリカが膨張していく運命を説き、そのためにより一層の海軍力の強化を説いたが、佐藤は日本海軍の限界ついては図上では西太平洋、実際には日本近海を想定し、それを管制可能な海軍力までとした。

ただ、アメリカ海軍が定めたオレンジプランに加えて秋山、佐藤にしても、マハンの説くところの艦隊決戦を優先とする戦略思想を共有したのであり、それが観念上の対立から具体的なイメージを伴うものになり、大東亜戦争に向けた道筋の一つになったともいえる。

なお、マハンから秋山、佐藤、そして時の経過とともに彼らの影響でつくられた「海戦要務令」とそのドクトリンがいつしか金科玉条として独り歩きしたことは否めない。艦隊決戦主義、漸減邀撃作戦にこだわり、戦艦中心主義の一方で輸送船団を護衛するのを軽んじたことが、大東亜戦争においてどのような結果を招いたかは周知の通りである。

### †マハンの評価

マハンの戦略思想は、海軍戦略については「集中の原則」に代表されるように一見するとシンプルに思える。そして、この原則に基づいて主力決戦を求めて敵艦隊を撃滅し、「制海権」を主張するような戦い方は現代の感覚から乖離してみえるだろう。第二次世界大戦以後には、マハンなどは古臭くて役に立たないといった意見が大きくなったのも事実である（大東亜戦争をみても、マハンが主張するような主力艦隊同士の決戦は起きなかった）。批判する声のなかには、マハンの主張はあまりに複雑なものを単純化し、多様性を持つはずのものを同等に扱いすぎるなど、方法論の誤りを指摘する声がある（これはジョミニが批判をされた理由とほぼ同じものだ）。また、マハンが世間の注目を受けやすくするために、歴史から抽出したとして用いた「海上権力・シーパワー」といった概念も、必要条件と十分条件を混同した産物との批判もある。

ただ、こうした艦隊同士が雌雄を決する一大決戦で戦争の勝敗が帰結するようなことはなくとも、マハンの「制海権」を持たねばならないという主張の意味合いがすべて崩壊したわけでもなく、引き続き「制海権」が何を意味するかについて、海洋国家としての性質を持つ国は考える必要があることに変わりはない。国家が通商を拡大する指向を持ち、利益を独占しようとする思惑から生じた過去の戦争は、現代では昔ほど露骨な形をとらなくなったといえるかもしれない。ただ、現代の海洋国家はマハンが主張した「海上権力・シーパワー」と「制海権」の考えをもとに、変わったこと、変わらなかったことをきちんと掌握する必要がある。そして、国家にとって海軍力とは何かを考えるための写し鏡としても、マハンの戦略思想はいまでも一定の生命力を持っているといえるだろう。

第六章

# リデルハート

バジル・リデルハート(1895-1970)

## 1 リデルハートの戦略思想①——間接アプローチ戦略

### †ドイツ帝国の宿命

クラウゼヴィッツを扱った第四章の最後で、一八七〇年の普仏戦争においてモルトケの貢献が大きかったことに触れた。この戦争の結果として、プロイセン国王を皇帝とするドイツ帝国が誕生した。この時代のモルトケを軍事的指導者とするならば、政治指導者は鉄血宰相の異名をとったビスマルクであった。この両者によって軍事と政治の関係が巧みに調整され、ドイツは新興国としてその力を増していく。

モルトケは、ドイツ帝国は引き続き東西両面での戦争に備える必要があるとして計画を構想した。その内容は武力戦に特化するのではなく、攻勢作戦において限定的な勝利をおさめた後は、速やかに外交によって終結させるといったものだった。

一八九〇年、老練な外交でドイツを国際的孤立から防いできたビスマルクは、皇帝ヴィルヘルム二世によって疎んじられてその表舞台から去っている。これによってドイツは有能な政治指導者を失い、モルトケの後はシュリーフェンが軍事的指導者の地位を継いだが、彼はクラウゼヴィッツがリスクを指摘した純軍事的思考を好む傾向があった。

ドイツは東にロシア、西にフランスと向き合う地理的特徴を持つが、この二正面において長期にわたる戦争を行うのではなく、開戦と同時に一方の正面の敵を撃破することを模索した。東部戦線で直面することになるロシア軍は比較的動員のペースが緩慢であると想定してミニマムの兵力を配置し、西部に主力を動員させてフランスへと侵攻する。その際にフランス北部の攻略を担当する右翼部隊を強化して進み、パリ西方へ至り、南方へと旋回してフランス軍の主力を半包囲し、殲滅させるといった作戦構想だった。

この戦略的包囲で短期決戦を追求する、俗に「シュリーフェン・プラン」と呼ばれた作戦計画の策定にシュリーフェンは熱中したが、クラウゼヴィッツが指摘したような、作戦遂行中に起き得るあらゆる摩擦の可能性については過小評価した。そして、部隊を当初の計画通りに統制を徹底すれば「摩擦」などは障害にならないという思考を持っていた。このためモルトケが作戦遂行上、軍事指揮官に認めた一定の自由裁量についても許容範囲を狭め、政治との調整についても関心をほとんど示すことがなかった。シュリーフェンが一九〇六年に引退した後は小モルトケ（モルトケの甥）が参謀総長になるが、名前が同じというくらいで、能力的にはまったくモルトケに及ばなかったとされる。この小モルトケのもとで「シュリーフェン・プラン」を軸に、ドイツは第一次世界大戦に突入していく。

## †第一次世界大戦期の戦略思想家

一九一四年の「サラエボ事件」を発端として始まった第一次世界大戦は、ドイツ、オーストリアなどの同盟と、イギリス、フランス、ロシアなどの協商（連合国）の間の戦争で、開戦時には短期で終結すると思われていたが、一九一八年までの四年半続いた。

開戦当初、西部戦線でドイツは「シュリーフェン・プラン」をベースにした短期決戦を試みたが、現実にはドイツ軍は十分な兵力を進撃させられず、さらには補給も追いつかず、フランス軍の主力をパリ近郊で捕捉撃滅することは失敗に終わっている。西部戦線ではこれ以降、しばらくドイツ軍と連合軍が互いに側面を出し抜いて回り込み、撃滅を狙った結果、双方の部隊の翼側が伸び続けることになり、スイス国境から英仏海峡まで戦線が拡大された（延翼競争）。さらに、互いにその戦線に沿って塹壕を何重にもわたって造成したことで、戦闘は開戦当初の兵力が積極的に機動を続けた「運動戦」から、それが緩慢となる「陣地戦」へと変貌している。

ドイツ軍では小モルトケが去り、新たな参謀総長に交代すると、連合軍の出血を強いるために攻勢を強め、連合軍側もこれに対抗してイギリス、フランス、ロシア、イタリアがそれぞれの戦線で攻勢を仕掛ける作戦戦略を構想し、実行している。本章で取り上げるリデルハートが参戦して衝撃を受ける「ソンムの戦い」も、こうした作戦構想のなかの一つであった。この流れから、連合国が広大な複数の戦線において大規模な同時攻勢を仕掛けるといった連合作戦へと発展していった。

四年半続いた長期戦の結果として、同盟と協商合わせて七千万人以上の軍人が動員され、九百万人以上の軍人が戦死し、民間人も七百万人以上が犠牲になっており、世界史上で死亡者数の最も多い戦争ともいわれる。そして、この戦争は軍隊同士が力を尽くして戦う武力戦から、国家のあらゆる国力・資源・人員を動員して戦う「国家総力戦」へと様相を変えていく。

この時代の戦略思想家には、航空兵力により敵の抵抗力の源泉を破壊し、戦争を短期で終結へと導くことを説いたイタリアの空軍将校ジュリオ・ドゥーエ(一八六九～一九三〇)、第一次世界大戦後の軍の機械化や戦車隊の価値を説き、イギリスの戦車隊参謀長を務めたJ・F・C・フラー(一八七八～一九六六)、東部戦線でロシア軍と戦い、途中から参謀本部次長となり、大戦後に『総力戦』を著述したドイツのエーリヒ・ルーデンドルフ(一八六五～一九三七)、大戦の最後に参謀総長になり、ワイマール共和国のドイツで軍を再建したハンス・フォン・ゼークト(一八六六～一九三六)、そして「間接アプローチ戦略」を説いたイギリスのバジル・リデルハート(一八九五～一九七〇)がいる。本章ではリデルハートを取り上げ、その戦略思想をみていく。

## †「間接アプローチ戦略」のリデルハート

バジル・ヘンリー・リデルハートは、敵と真っ向から衝突して撃滅を目指すよりも、敵の交戦意志を心理的に攪乱させた上で、敵を物理的に打破するといった戦い方の先に勝利を得る「間接アプローチ戦略」（インダイレクト・アプローチ）を唱えた戦略思想家として知られる。戦争のありようとしては可能な限り短期間で済ませ、犠牲やコストを最も少なく抑えつつ、敵の交戦意志を挫けば事が足りるので、敵軍を撃滅することが絶対の目標にはならないとした。戦争の手段としては戦場で敵野戦軍の撃破を目指す武力戦以外にも、海上封鎖による経済戦や外交戦などをその手段として挙げる。

また、大局的にみて戦争が不利ならば、自国は目的に制限をかけて軍事行動をその範疇に収めるよう努めるのが賢明であるとした。戦略を論じるなかで戦争に勝利するといった意味合いを単純な敵軍の殲滅と結びつけるのではなく、戦争前に保っている平和と戦争後に訪れる平和を比較して、後者がよりよくなっているのが真の意味での戦争の勝利とした。

一八九五年に生まれたイギリス人のリデルハートはケンブリッジ大学在学中に第一次世界大戦が勃発し、イギリス軍の臨時将校として参戦している。激戦と多数の死傷者を出して史上有名となった「ソンムの戦い」で戦傷を負って療養を余儀なくされ、大尉の階級で退役し、それ以降は軍事を研究し、著述活動を生業としていく。ソンムの戦いで戦争が持つ残虐性に強い衝撃を受け、戦争目的を達成するために払われる人的犠牲と物的損害をいかにして最小限にできるかといったテーマと信念を持つに至り、これが「間接アプローチ戦略」を探究していく起点となった。

生前に多くの著作を遺しているが、その評価については肯定的なものと否定的なものがあり、いまでも定まっているとはいえない。評価が分かれる一つの理由は、リデルハートが自らの「間接アプローチ戦略」の有効性を持ち上げるために、クラウゼヴィッツの戦略思想を強く批判したことにある。これについては改めて述べるとして、リデルハートは誤解に基づいて少なからず的外れなクラウゼヴィッツ批判を繰り返した結果として、自らの妥当性が疑問視され、「間接アプローチ戦略」の有効性にも跳ね返ってくることになった。

他方、リデルハートによって何かしらの示唆を受けたとする研究者や軍人なども少なくなく、現代の戦略思想や研究に与えた影響も多大なものがある。本章ではリデルハートの長年にわたる思索の結果として、一九六七年に出版された『戦略論』を中心にその戦略思想をみていく。

この著作では国家戦略から軍事戦略レベルまで広範囲に論じられており、リデルハートの最晩年の思想的結実ともいえる同書を手掛かりに、どのようにクラウゼヴィッツを批判し、そして「間接アプローチ戦略」を打ち出していったのかを軸に進めていきたい。なお、リデルハートは孫子からの影響を強く受けており、同書のなかで「間接アプローチ戦略」のエッセンスを伝えるために十八個の箴言を紹介しているが、そのうちの十二個は『孫子』からのものだ。

### †「大戦略」（高級戦略・グランドストラテジー）とは何か

リデルハートは『戦略論』を展開していくなかで「戦略」という概念の最上位を「大戦略」（高級戦略・グランドストラテジー）とし、それは経済的・人的など国家のあらゆる資源を戦争の政治目的を達成させるための調整機能を担うものとした。「大戦略」においては軍事力も一つの構成要素であり、経済戦、外交戦、敵の交戦意志を挫く心理戦などと併せて戦争手段として考慮されるべきとする。また、戦争の大義名分や最低限守られるべき道徳や倫理も、自国の士気や敵国の交戦意志に影響を与える効果的な武器として取り上げている。また、「大戦略」は戦争自体の帰趨を見極めるだけでなく、戦後の平和のあり方、安全保障や共存共栄も視野に入れるべきで、この領域はより一層の研究が期待されているとした。

戦略の上位概念を「大戦略」として定める一方で、そうした政治目的や政策性などの要素を含まない戦略のなかの下位概念として「軍事戦略」（純戦略）を定め、「軍司令官の戦争術」といった範疇に留めた。同書において「大戦略」を論ずるのはメインではないとしつつ、これが「軍事戦略」を支配する関係にありながらも、両者が矛盾に陥りやすいからこそ考察しておきたいとしている。「軍事戦略」は武力戦において敵軍を撃破するといった論理を持ち、そこから国力を費やしてでも完全な戦勝を追求していくという志向性を持ちやすい。

他方で「大戦略」の視座から、国力を散々費やした後に訪れる平和は、結局のところ次の新たなる戦争勃発の可能性を孕んだものになり、これは歴史が実証しているとした。また、同盟などを組み複数の国が戦争を行う場合でも、その利害関係は戦争の進展とともに変化していくため常に調整できるとは限らず、戦利をめぐる争いから互いに疑心暗鬼となり、相互不信が強まると、戦後は同盟国が新たな敵対国ともなり得るとした。ゆえに、「大戦略」では国家間の勢力均衡といった概念を中心に置き、そこから期待できる相互抑制作用に期待をかける（この視座では、敵国に対する完全勝利や敵軍の完全殲滅を目指すことがよいとは限らないとなる）。

また、歴史の流れを踏まえて「大戦略」を考察した結果、国家が持つその性質を「拡張主義的国家」と「保守主義的国家」の二つに分けており、前者は現状に不満を抱き、対外的な侵略や征服に関心を持ち、後者は現状の国境線を受け入れており、それが変更されないなかでの安全保障に関心を有する。この違いにより「軍事戦略」のあり方も修正が求められるとした（これについては改めて触れる）。

### †国家レベルの「英国流の戦争方法」とは

「大戦略」の概念を含めた国家レベルで「間接アプローチ戦略」を論じるときには、特に「英国流の戦争方法」という別の表現を用いている（これは一九三二年に出された『英国流の戦争方法』で扱われている）。この「英国流の戦争方法」の基本的な考え方では、イギリスの十六世紀以降の歴史を鑑みてもヨーロッパ大陸へ陸軍を派遣することではよい結果を得られず、代わりに海軍力に依拠して海上封鎖を行い、敵を経済的に追い込んでいくやり方で敵国の戦意や士気を減退させるべきとしている。また、敵国が植民地を持っていればその間で行われる貿易を阻害し、植民地の防備が薄ければ攻撃奪取するなど、戦争継続に必要とされる資源を断っていくことを主張した。

リデルハートの思想の根本には、イギリスは第一次世界大戦においてこの「英国流の戦争方法」を棄て、陸軍を大陸に派遣してしまった結果、大きな被害を受けたとの考えがある。イギリスは大陸に直接関与せず不介入を保つべきで、仮に大規模な戦争が起きても海軍力でもって対応するべきとした。なお、リデルハートが一九三二年に発表した評論のなかでは「英国流の戦争方法」について次のように端的に表記している。

①イギリスはその強大な海軍力と植民地の膨大な資源とをもって海上封鎖と経済戦を行い、大陸内の軍事義務を極力制限すること。②大陸の陸戦においては厳に防勢戦略をとること。③フランスによって敵（ドイツ）の進撃を阻止し、イギリスの大陸派遣部隊は最小限に止め、しかも高度の機械化部隊を戦略予備として控置すること。

### †政治と軍事の区分について

戦争の形態について「間接アプローチ戦略」を唱えるリデルハートも、戦争が政治目的を達成するために遂行されるといったことについては他の戦略思想家たちと変わりはない。彼はクラウゼヴィッツに対して批判的であるが、こと政治と戦争の関係については**「戦争は、政治的行為であるばかりではなく、本来政策のための手段であり、政治的交渉の継続であり、他の手段をもってする政治的交渉の遂行である」**（『戦争論』）としたクラウゼヴィッツの考え方とそれほどの差はない。政治が軍事に対して優位にあり、適切に支配するべきだということも同様である。

国家は国家政策遂行のために戦争を行なうのであり、戦争のために戦争を遂行するのではないからである。軍事目的は、政治目的に対する単なる手段にすぎない。それゆえ、軍事的に（すなわち、実質的に）不可能なことを政治が求めないという基本的条件が満たされれば、軍事目的は政治目的によって支配されるべきものである。（『戦略論』第四部）

なお、リデルハートは、政治目的・戦争目的を定めることに責任を持つ政府は、特定の作戦地域における軍隊の作戦運用について具体的な指示は控えるべきだが、戦争が実際に進みゆくなかで生じる現実や状況に応じて、目的に付随する政策や目標といったものについては柔軟に変更を加えて、軍隊を統御するべきであると述べている。

他方、戦争政策を作成する政府は、戦争の進展にともない変化することの多い状況に応じて、その戦争政策を適応させるべきである。同時に、政府は信用を失墜した軍司令官を更迭したり、政府の戦争政策の必要に応じて軍司令官の目標を変更させることによって、戦闘における軍事戦略に干渉することが許されるのである。政府は軍司令官に付与した兵力の使用方法について干渉すべきではないが、同時に、軍司令官に与える任務の性格について明確に指示すべきである。(同)

### 政府の目標変更について

厳密にはリデルハートのいう用語、定義、範疇とは多少異なるかもしれないが、このことについてもう少し具体的なイメージを摑むためには一例として、日露戦争における乃木希典将軍と旅順攻略の関係のなかで捉えておくのも一つの方法だろう。司馬遼太郎の『坂の上の雲』で描かれた乃木将軍は頑固で平凡な将軍にされていることはよく知られている。

旅順攻略を命じられた第三軍司令官の乃木は、その攻略過程において「白兵銃剣突撃」を何度も繰り返し、その用兵の拙さを省みないままあまりにも多くの死傷者を出した。それに業を煮やした満州軍総参謀長・児玉源太郎大将は大山巖総司令官から許可をもらい、第三軍の指揮権を乃木から剝奪し、その主たる攻撃正面を二〇三高地に変更してどうにか旅順を陥落させたというストーリーが組まれている。

『坂の上の雲』の批評をこの場でするつもりはないが、現実として第三軍司令官として乃木が命じられていたことは終始一貫して「旅順要塞の攻略」であった。二〇三高地を目標に攻め落とし、そこに砲兵を支援するための弾着観測所を設けるのは「旅順艦隊の撃滅」を狙ったものであり、この二つは本来それぞれ別物である。

『坂の上の雲』ではこの要塞攻略か艦隊撃滅かという視点で、早期に攻撃正面を変更できなかった乃木を能力不足として描く傾向があるが、この目標を変える決断は、特定の作戦地域を任せられているだけの野戦軍指揮官にできるものではない。それが可能なのは、この時代において政治性を帯びる大本営などに行き着くことになる。

つまり、乃木に許されたのは「旅順要塞の攻略」のためにどのように部隊を作戦運用するかという決断に限られた。なお、実際の乃木は要塞攻略のために総攻撃を繰り返す過程で少なからず戦術的工夫を凝らしており、ただひたすらに兵士に白兵銃剣突撃を繰り返させたという批判は必ずしも当を得たものではない。

この事例を一つの手掛かりとしてみれば、リデルハートのいう**「政府の戦争政策の必要に応じて軍司令官の目標を変更させる」**という文脈の意味合いは、要塞攻略から艦隊撃滅へと戦略を変更し、それに基づいて目標を変えさせるのは政治の責任であり、その定められた目標のなかで軍隊を作戦指揮するのが軍司令官ということになる。

### †「軍事戦略」（純戦略）の鍵は目的と手段の調整

リデルハートは「軍事戦略」を「軍司令官の戦争術」と表現して武力戦のあり方を論じるが、その成功の鍵は目的と手段の計算と調整にかかっているとした。目的は手段全般に比例するべきもので、それらの関係が適切に調整されているかが重要であり、それによって戦力の「経済的使用」が可能になるという。

そして、クラウゼヴィッツなどの「敵軍事力の撃滅が唯一かつ確実な目的」「戦略の唯一の目的が戦闘」という「直接アプローチ戦略」を否定し、**「戦略の完成とは激烈な戦闘なしで決着をつけるということであろう」**として「間接アプローチ戦略」を唱える。ただ、その本質は武力戦においても物理的・心理的な両面からアプローチして敵の攪乱を狙い、その流れから戦果拡大を求めていくものだ。なお、「間接アプローチ戦略」は武力戦自体を否定したものではなく、リデルハートが非戦の戦略や哲学を説いたわけではない。

「間接アプローチ戦略」では心理的にいかに相手を揺さぶるか、揺さぶられた側の心理状態がどういった行動に結びつくかなどを考慮することが求められる。敵軍主力を殲滅することに拘泥するのではなく、敵軍と正面から衝突せずとも敵の心理を攪乱（ディスロケーション）させ、戦闘への意志を削ぐことを優先するべきとした。

「攪乱」が戦略の目的である。「攪乱」の結果として、敵の崩壊または戦闘での敵軍の撃滅が容易になるであろう。敵の崩壊のためには、一部には戦闘行動を必要とするであろうが、必ずしも大規模な戦闘をともなう必要はない。(同)

## 2 リデルハートの戦略思想②——機甲戦理論

### †具体的攪乱方法について

攪乱をどのように生じさせることが可能か、リデルハートは次のように列挙する。

物資的・兵站的分野においては、ⓐ敵の配置を混乱させ、敵に急遽「正面変更」を強いることで敵兵力の配備・組織を攪乱し、ⓑ敵兵力を分断し、ⓒ敵の補給を危機に陥し入れ、ⓓ敵が必要に応じて基地または本国内に地歩を占めるために利用する路線(あるいは複数の路線)を脅威する運動の結果として、この戦略的攪乱が生みだされるのである。(同)

攪乱は、これらの要素が単体で機能するよりも複数が入り込んで起きることが通常だとする。そして、たとえば補給を確保する交通線が物理的に妨害された場合、自軍の背後に敵軍が物理的に回り込んだ場合など、軍事指揮官にどの程度の脅威と印象づけられるかを、心理的領域と連関させて考えている。

また、自軍が敵軍の正面に直進していく運動は、敵軍を物理的・心理的両面から結束させてその抵抗力を強めるとする。敵軍を正面から直進して押せば、予備兵力や補給部隊がいる方向へと後退を続け、結果的には戦線は下がり敵軍は一定程度消耗するが、後方には新たな力の層が形成されてしまう。

この正面からの直進に対して、側面を迂回して敵軍の背後に向かう価値を説くためにリデルハートは物理的な視点からは「最小抵抗線」、心理的な視点からは「最小予期線」といった用語を使う。前者は敵の抵抗が最も小さな地点、後者は敵が最も予期しない地点を意味し、これらに物理的・心理的領域を常に結合して考え「間接アプローチ戦略」を編み出し、採用するべきだとした。そのために、さらに具体的な手段として「牽制」「代替目標」「遮断」「麻痺」などの用語を使い、複合的に細部を展開していく。

## †牽制と代替目標

自軍が敵軍の側面を迂回して背後に回り込むといっても、こちら側の企図を看破されてしまえば、敵軍に配置変更を許してしまい、結果的にはただの直接アプローチになる。これを避けるべく、事前に「牽制」などの策を物理・心理の両面から行うべきとする。「牽制」は敵を他の方向に引きつけ、その行動の自由を奪うことを目的とするが、自軍は相互支援できる範囲で分散しつつ、敵軍の部隊の注意を無益な目標へと向けさせる。これによって敵軍の自由を拘束し、それが集中するのを回避させ、心理的には軍事指揮官の恐怖心に輪をかけるため、欺瞞を凝らすべく工夫をする。

そして、「間接アプローチ戦略」を構成する概念として主要なものとなる「代替目標」を常に複数持つべきだとする。攻勢をかける側がその目標を一つに絞り、うまくいかなければ直ちに別のオプションへと移行できるように、予備となる目標を持つべきだとした。この「代替目標」を持ってそこに脅威を与える軍事行動をとれば、敵軍は自軍の攻撃方向の判断が難しくなり、敵の部隊を物理・心理の両面から牽制することもできる。

軍司令官の精神が「牽制」されてはじめて、彼の隷下兵力が牽制されるのである。彼の行動の自由の喪失は、思考の自由の喪失の結果として生じるものである。（同）

戦争とは敵・味方の相互作用であるという条件から、さらに生ずる結果を挙げれば、あ

る目標を確実に達成しようとすれば代替目標を持たねばならないということである。（同）

**†交通線の遮断**

敵の補給線となる交通線の打撃・遮断を考える場合、敵の側面（翼側）を迂回、あるいは正面から突破し、その後で敵軍のすぐ背後、あるいはもっと後方のどちらに目標を定めるのが効果的かを論じる。

一般論とした上で遮断するポイントが敵軍に近いほどにその即効性は高くなるが、他方で敵兵力とは離れるものの、その後方の敵の拠点・基地に近いほど最終的効果は大きくなるとする。その上で心理的領域でのインパクトについては次のように述べる。

さらに考慮すべきは、敵兵力の後方近くに加える打撃は、敵軍の心理に対して強い効果を及ぼすが、敵兵力の深く後方に加える打撃は、敵軍司令官の心理に対して強い効果を発揮することである。（同）

## †前進の柔軟なあり方――麻痺への追い込み

十八世紀末までは戦略前進（戦場まで向かうもの）と戦術前進（戦場のなかにおけるもの）はそれぞれ集団前進が基本であったが、ナポレオンの時代にその戦略前進は区分的になり、十九世紀末には戦術前進が分散的になったとする。

それらを論じる流れで、軍隊が戦力の一体性を失わない範囲で可能な限り分散を保ち、前進することが肝要であるとし、加えて、部隊を集めて単純に集中攻撃を行う発想からは柔軟になるべきだとする。そのなかで、先に述べたような「代替目標」を含めた複数の目標に対する同時並行かつ分散的な前進を試みるなどのオプションに触れる。そして、敵軍を殲滅することだけを目標とせずに、一時的にせよ行動不能となる「麻痺」に追い込み、武力戦を戦勝へと導くことを考えている。

軍隊の有効性は、以下のような新たな方式の発展にかかっている。すなわち、前線の占領を目的とするのではなく、むしろ、ある地点に浸透し、そこを支配することを狙った方式であり、また、敵兵力の撃滅という理論的目的ではなく、むしろ、敵の行動を麻痺させるといった実行可能な目的を指向する方式である。兵力集中といった方式に、硬直

性が加味されれば、流動性に富む敵兵力に撃破されるだけであろう。（同）

## †「機甲戦理論」研究と心理的攪乱

ここまで「間接アプローチ戦略」を中心にその考えをみてきたが、リデルハートは他にも戦車を中心とした戦い方、機甲戦の理論についても研究を重ね、戦略思想の世界に大きな影響を与えている。

リデルハートは、J・F・C・フラー大佐という同時代のリーダー的な戦車推進論者の影響のもとで研究を進めた。フラーは第一次世界大戦において戦車部隊を集中的に運用するオリジナルの作戦を立て、それを理論化して本を出版している。フラーとリデルハートは直接の議論と多くの文通により、その研鑽を深めた。

ただ、両者は戦車と歩兵の関係性をめぐっては明らかに異なる考えを持つ。フラーは戦車部隊の運用を打ち出すに際して、歩兵には後方連絡線や固定化されている基地や拠点の防御といった役割を充てがうことを主張したのに対して、リデルハートは、戦車部隊をより優位にあるとしつつも、戦車部隊にとって歩兵は常に欠かすことのできないものだとした。ここから派生して歩兵や砲兵なども自動車化され、戦車部隊と共同で行動し、素早く敵地の奥深くまで進撃し、さらにはそこに航空機による急降下爆撃などの支援を得て、目標を打撃するといったコンセプトに至った（近接航空支援の原型ともいえる）。

その際、敵軍の側面や前線を迂回してその後方深くに達するためには長距離の行軍が求められるので、状況の変化に柔軟に対応できるよう、先に触れた「代替目標」を常に複数持つべきだとしている。この戦車部隊と自動車化された砲兵・歩兵の部隊が一体化した機甲化部隊が敵地を深く進むほどに、敵軍にもたらされる心理的攪乱といった効果も大きくなり、それらが相まって敵軍に決戦を強要せずとも終結させられると考えた。

なお、このリデルハートが主体となって考え出した機甲戦理論は、第一次世界大戦で受けたダメージからヨーロッパへの直接的な関与を考えなくなったイギリスには不要不急のものとなった。皮肉なことにその理論はドイツ陸軍によって受け入れられ、第二次世界大戦で洗練された機甲戦が立ち現れてくることになる。

## †ゲリラ戦争について

リデルハートは『戦略論』の第二改訂版において、「ゲリラ戦争」について一章を設けて論じている。ゲリラ戦争というスタイルが過去の歴史と比べて、二十世紀の大きな特徴になったとし、有名なアラビアのロレンスによる「アラブの反乱」、第二次世界大戦におけるドイツ占領下の諸国、日本が占領したアジア地域などにそれが多くみられたとする。

そして、ゲリラ戦がどのような要素で成立したか、その戦略・戦術思想なども洗い出している。

そのなかでいくつか特徴的なものを挙げると、ゲリラ戦は常にダイナミックで勢いを維持し続けなければならず、一度休止してしまえば、敵に余計な休息を与えることになるとする。ゲリラ戦では大部隊同士の戦いの基本的な原則である兵力の「集中」ではなく、「分散」が生き残りに欠かせない要件であり、ゲリラ側は敵の目標にならないように行動しなければならない。また、ゲリラ戦の作戦自体は比較的少人数で行われるが、それを適切にサポートするためには多人数に依存すべきで、特に地域住民の支持がある場合はより一層効果的に戦うことができる。

リデルハートはアメリカとソ連が核兵器を保有し、睨み合う冷戦構造ではゲリラ戦が攻勢の手段として発展していくと考えた。他方で、ゲリラ戦は正規軍の持つ戦力や能力に比べれば限界があるとして、その明確な評価は留保している。

### †「保守主義的国家」の大戦略とエンドステート

先に「大戦略」を論じた際、リデルハートが国家には「拡張主義的国家」と「保守主義的国家」があると述べたことに触れた。そして、これまでとりあげた「軍事戦略」の考え方の「保守主義的国家」についてはダイレクトに適用せず、修正する必要があるという。「保守主義的国家」は自国が征服や侵略をしない以上、それを試みる「拡張主義的国家」である敵国に対してそれが割に合わないものだと認識させ、放棄するように導けば目的を達成したことになる。こうした自国は戦争における政治目的が限定されることを考えれば、採用しうる戦略としては「純然たる防御」が最も経済的な手段であるが、それにばかり頼るのは歴史を見る限りは危険である。したがって、「鋭い反撃力を備えた高速機動を基礎とする防御・攻勢兼用方式」が戦力の経済的使用と抑止作用の両方を持つものであり、これを「保守主義的国家」が採り得る戦略として挙げ、その具体的な例としてイギリスの十六世紀から十九世紀までの海軍力をベースにした戦略を挙げている。

また、先にも触れたように「大戦略」においては戦前と戦後の平和の質を視野に入れて常に考えるべきものであり、戦後、戦前よりもその平和がよいものになっているのが戦争の真なる勝利だとした。ここから論理的に導かれるのは、短期戦による戦勝となるか、あるいは長期戦になっても自国の資源や経済力などのリソースに十分に配慮した戦い方を追求するかで、政治目的も現実的に可能な手段に応じて適合していなければならないとした。そのためにも戦争遂行中、戦場において闘争本能が不可欠であるにせよ、政治指導者は理性的であり続けることが求められ、戦争に戦勝を期待できなくなったならば、速やかに和平交渉に入るタイミングを失してはならないとする。

戦局が目論見どおりに運ばなくなった状態で、その打破を乾坤一擲（けんこんいってき）で新たな武力戦に賭けるよりも、この時点で講和を求めてそれに達する。国力を完全に費やしてからの講和よりも、そのほうがより長く平和がもたらされるとした。こうした方向に誘導しようとする政治指導者は常に敗北主義や臆病者というレッテルを張られる可能性があるが、戦後への展望を見失わずに決断するのが政治指導者の責任であるとした。

交戦国の力があまりに拮抗しており、早期に勝利を獲得する機会がないときには、戦略の心理学から何かを学ぶ政治家は賢明である。仮に、敵が強固な陣地を占領し、味方が攻略するためには高い代償を必要とすることが明らかであれば、敵の抵抗をもっとも速やかに弱体化する方法として敵の退却線を開けておくことは、戦略の初歩的原則である。同様に、敵に下に降りるための階段を用意してやることは、政治の原則、とりわけ戦争の原則である。（同）

## 3　リデルハートとその時代――激戦の原体験

### †リデルハートのあゆみ

冒頭でも少し触れたが、リデルハートの歩みについて改めて述べておきたい。一八九五年にイギリス人としてパリに生まれ、幼少の頃から軍事に対して興味を示し、特に航空機や戦争ゲームなどには思い入れが強かったとされる。その流れから十三歳のときに海軍学校を志望したが体格が基準に達せず、身体検査をパスできなかった。

その後、ケンブリッジ大学へ入学して歴史を学ぶが、その最中に第一次世界大戦が勃発している。リデルハートは当初、戦争に対してロマンを抱く純朴さを持っており、その延長線上で陸軍を志願し、大学に用意された将校養成センターで所定の訓練を受け、イギリス軍将校として軽歩兵連隊に配属され、参戦している。はじめは臨時将校であったのが、戦争中に正式に任官している。

そして、一九一六年の激戦と多数の死傷者を出したことで史上有名な「ソンムの戦い」でガスによる戦傷を負って療養を迫られ、一九二七年に健康上の理由で大尉の階級で退役し、それを機としてシビリアンとして著述活動を本格化させ、軍事研究にその生涯を捧げる。大戦中は中隊に属する将校であったため、リデルハートが将校として直接関与しうる軍事領域は比較的規模の小さい部隊の運用や戦術に限られていた。

## †戦術より高い次元に

ただ、戦場から離れた後にはその知的関心をより高次の作戦戦略、軍事戦略、そして国家戦略レベルへと広げていった。退役した一九二七年に『近代軍の再建』、続けて一九二九年には本書で主に扱った『戦略論』の原型ともいえる『歴史上の決定的戦争』を出版している。そして一九二九〜一九三五年までジャーナリスト・軍事記者として働き、その間にブリタニカ百科事典の軍事・戦史などの編集にも従事し、一九三七〜一九三八年には陸軍大臣のアドバイザーに就任してその改革に参画した。一九三九年には『英国の防衛』、一九四九年『英国戦車隊史』、一九五一年に『西欧の防衛』、一九五四年には『戦略論』を書き、本書で取り上げた「間接アプローチ戦略」思想を結実させた。一九六六年にナイトの称号を受け、一九七〇年にロンドン近郊で亡くなっている。

第一次世界大戦に将校として参戦している間、イギリス政府を批判をすることはなかったが、戦後はその批判のトーンを強め、それが各著作物にも反映されていく。その原点になったのは繰り返すが「ソンムの戦い」という凄惨な原体験と、戦後、自ら戦史を研究していく過程で多くの軍事的失敗の実例を知り、イギリス陸軍は根本的に改革されなければならないと考えたことによる。

リデルハートは大戦に赴くとき、この戦争がそれほど長期化せずに終わると予想していたが、現実には長期戦となり、前線では正面攻撃とそれに伴う消耗戦のために多くの人命が失われた。戦後、大きくダメージを受けたイギリスをみて強い衝撃を受け、ヨーロッパに直接関与する戦略に対して懐疑的になった。事後はそのようなことをさせないといった思いのもとに先にみた「間接アプローチ戦略」を打ち出し、それを採用することが適切だと考えた。

本章のはじめでも少し触れたが、リデルハートの戦略思想はこうした思いに基づいて構築されている。なお、その歩みをみてもわかるように本人は将校になるための正規の課程を経たわけではなく、その戦略思想は基本的には独学によって培われたことになる。

### †知名度が高まるリデルハート

国家レベルの戦略のあり方を説き、間接アプローチを用いた「英国流の戦争方法」や軍事戦略レベル以下の「間接アプローチ戦略」といった戦略思想の原型は一九二七年に発表され、先に触れた『歴史上の決定的戦争』によってリデルハートの名はある程度知られたが、どのくらいの影響を持ち得たかを知ることは容易ではない。

第一次世界大戦から第二次世界大戦の戦間期、大戦中、戦後とその評価にはかなりのアップダウンがある。『デイリー・テレグラフ』『タイムス』などの高級紙と呼ばれる新聞紙上で多くの軍事評論を書き、部数だけでいうならば一九五四年に出版された『戦略論』は、その後の改訂版も含めるとアメリカ国内で十五万部以上のハードカバー版が売れている。こうした数字から考えても、リデルハートの戦略思想が世間一般的に知られるものであったことは確かだ。

ただ、それが政策において具体的にどう活かされたかを判断するのは難しい。先にみた『機甲戦理論』は斬新ではあったが、リデルハートがときに持論を強硬に述べているため、イギリス陸軍内ではそれに対する反発や予算の制約もあり、あまり受け入れられなかった。陸軍大臣のアドバイザーを務めたときも、現実にそれが可能かどうかは別として自由な立場から抜本的な改革を求めるリデルハートは、陸軍内の実務担当者から煙たがられていた。

## †第二次世界大戦中の言動

戦間期においてヨーロッパ大陸に直接関与すべきではないという「限定関与政策」につ

いては、イギリスがチェンバレン首相のもとで一九三七～一九三八年にドイツに対して取った「宥和政策」（アピーズメント・ポリシー）に思想的基盤を与えたといえるだろう。もっとも、第二次世界大戦が勃発してもなお、リデルハートはドイツとの単独講和を主張し続けたことで、その評価を大きく下げている。

大戦中はイギリスの首相であったチャーチルが戦争指導をしたが、「戦略爆撃」を敢行し、「無条件降伏」を求めるやり方は過度な直接アプローチであり、戦争における勝利を追求するあまり、戦後への展望が欠落していると強く批判している。リデルハートはそれより以前、「機甲戦理論」を提示した際には敵中枢に対する戦略爆撃を間接アプローチ戦略の一つとして支持したが、チャーチルが大規模な戦略爆撃を実行に移すと、これを敵中枢だけでなく国民の生活全体を破滅させる残忍なものだとした。

この戦略爆撃によって無条件降伏を求めるやり方が敵国の国民と軍隊を一致団結させ、抗戦を継続させるとした。ただ、アメリカ、イギリスをはじめとする連合国はドイツを国家として打倒することにベクトルを向けている以上、リデルハートの批判は受け入れられなかった。大戦中には評価を下げたが、戦後まもなくして核兵器の時代が到来し、冷戦構造が生じるとともに、再度注目されている。

核兵器が存在する上での総力戦と、その延長線上での核の使用についてはエスカレーションと世界の破滅を招くとして、国際協調によって抑止する必要性を説いている。加えて、核兵器が存在するなかで勃発した戦争は、その地域や強度が限定されるべきとした。総力戦へ至らぬように軍事力の運用を制限する考え方は、広く世界に認知されるものとなった。

### †クラウゼヴィッツ批判の妥当性について

本章を終わるにあたり、「英国流の戦争の仕方」「間接アプローチ戦略」に対する評価や批判について触れておきたい。リデルハートは第一次世界大戦の惨禍を原体験として、戦争による人的犠牲・物的損害をミニマムにするためにはどうすべきかというテーマを据え、間接アプローチ戦略を編み出した。

その過程でしばしばクラウゼヴィッツの『戦争論』を引き合いに出して批判をしつつ、持論の正当性を主張したことは本章の冒頭でも少し触れた。だが、リデルハートがどこまでそれを読み込んでいたかついては議論が分かれている。本書の第四章でクラウゼヴィッツを扱い、そこで「絶対戦争」と「現実の戦争」という二つの戦争モデルについて触れた。「絶対戦争」とは観念上のモデルであり、どちらか一方が勝利をおさめ、もう一方が敗戦に至るまで、すべての軍事力とありとあらゆる資源が一切の障害や干渉なく動員され、武力戦が継続されるという考え方が提起されている。ただ、これは戦争の本質を考察していくための抽象化の一つであり、クラウゼヴィッツ自身はこの「絶対戦争」は現実に存在することはないとした。

もう一方の「現実の戦争」においてはしばしば干渉や妨害を受けるのが普通であり、結局のところ、全軍やすべての資源を動員することは叶わず、大戦果とはいえないうちにピークを迎え、予期していない結果で終わることが多いとした。そして、戦争に干渉するものとして政治を挙げ、戦争自体が政治的行為、政治的交渉の継続であるとし、「絶対戦争」への発展を阻止するものとして政治の役割を重視している。程度の差はあるだろうが、この考え方においてクラウゼヴィッツとリデルハートの間に大きな差異はないといえる。

だが、リデルハートはクラウゼヴィッツを「絶対戦争」の信徒であるかのように扱い、その後世への影響力は極めて大であるとし、「総力戦」と重ねて批判した。もっとも第四章でも述べたが、クラウゼヴィッツの影響力については評価が難しいところがある。ただ、リデルハートのクラウゼヴィッツ批判は後に自身に跳ね返ってくることになった（これもあって、リデルハートのクラウゼヴィッツ批判は次第に弱くなっていく）。

## †リデルハートの評価

「英国流の戦争方法」といった考え方は理論としては響きがよいが、実際はかなり強く批判を受けることになった。リデルハートはイギリスの海軍力を高く評価し、海上封鎖・経済封鎖が敵国の戦意や士気を喪失させ、戦争を終結へと導くと考えたが、これについてはあまりにも海上封鎖・経済封鎖を過大評価しすぎており、海軍力によって海からヨーロッパ大陸に圧力を与えるとしても、その効果を歴史的に実証するのは難しいとの批判もあった。

リデルハートから影響を受けたとされるイギリスの歴史学者マイケル・ハワードなどは、イギリスがあらゆる資源を動員して陸軍力を大陸に派遣することは、リデルハートが批判したような伝統的政策から外れることではなく、むしろその中核をなすものであるとした。

リデルハートが『孫子』の影響を一定程度受けており、そこから犠牲をミニマムにして戦争目的を達成する「間接アプローチ戦略」を生み出したことは先に述べた。結局のところ、この戦略の有効性をどう考えるべきだろうか。「攪乱」といった要素を重視したこの戦略は自軍の合理的見積もりが適切になされ、敵軍が自軍の考えたその合理的見積もりの範疇で動くなかでこそ成功する戦略である。他方でクラウゼヴィッツなどは、戦争が敵と味方の相互作用においてなされる以上、そこには摩擦や錯誤が多く存在し、合理的に追求した作戦が十分に機能するとは限らないと指摘している。

リデルハートの「間接アプローチ戦略」は戦略思想として独自性はあるが、これによって戦争において常に主動に立てるとは限らない。ただ、二十世紀に立ち現れた「総力戦」に対してどう向き合うべきかといった思考材料を与えるものとしては、やはり大きな価値がある。リデルハート自身は十八世紀の「制限戦争」のような形態を戦争のあるべき姿として考えたともいえるが、この「間接アプローチ戦略」がどれだけ機能するのかを見積もることは容易ではない。

終　章

# 戦略思想の共通点と相違点

円卓会議で6人の戦略家は何を語るだろうか。

# 1 核抑止の戦略思想

## †核兵器の戦略思想

総力戦となった二度にわたる世界大戦を経て、核兵器を中心とした核戦略論が戦略思想として出てくる。前章のリデルハートによれば、核兵器の使用はエスカレーションを招き、想定される被害もあまりに甚大であるため世界が破滅しかねず、勝敗自体が無意味になるとした。本書でこれまでみてきた戦略思想では、戦争の政治目的を達成する手段として武力戦は存在するが、核兵器を手段として実際に使用するといった戦略は、それが持つ破壊力によって政治目的の限界を超えてしまうことになる（ただし、政治目的が世界を破滅させるといったものであれば理屈の上では成立し得る）。

核戦略論は核戦争を遂行するためではなく、それを防ぐための核抑止論・核抑止戦略を一つの軸に発展してきた。ただ、それは核戦力で通常戦力を補い、安全保障を確保するという試みのなかでのことであった。第二次世界大戦終了後、アメリカはその膨張した軍隊を民間へ大量に復員させ、平時の態勢へとシフトするが、ソ連はそれに積極的ではなく、結果的には戦時動員の規模を維持し、通常戦力ではソ連が優位に立ったかにみえた。アメリカはこれに対抗するべく、当時独占していた核戦力(原爆)とそれを運搬する戦略爆撃機のペアを中核戦力にして、優位に立つべく増強整備した。

広島・長崎の原爆投下以降、核兵器は実戦で投入こそされていないが、核使用をほのめかしながら政治目的を達成しようとする試みはたびたび起きている。たとえば、一九四八年にソ連が行ったベルリン封鎖に対抗し、アメリカはベルリンに対して空輸作戦を行い、必要な物資を送り続けた。この時アメリカは、その安全を確保するために戦略核爆撃機部隊をイギリスに展開し、戦争になった場合にそれを使用する可能性を示すことで、結果的には輸送機はソ連から攻撃を受けずに済んだ(当時、ソ連はまだ核実験に成功していなかった。なお、このときのアメリカの総兵力は百三十九万人であるのに対してソ連は四百万人であった)。

## †大量報復戦略という考え

一九五三年に朝鮮戦争が休戦となった後、膨大な陸軍を持つソ連に対してアメリカは核戦力で優位に立ち、ソ連が戦争を仕掛けてきた場合には戦略爆撃機に搭載した核兵器で徹底的な報復を行うとする「大量報復戦略」を打ち出している。こうした仰々しい名前を付けることで相手への心理的効果と核戦争抑止を狙った部分があり、これが核抑止戦略の始まりとなった。

ソ連は一九五七年にＩＣＢＭ（大陸間弾道弾）の開発に成功し、核戦力を整備し始めるが、一九六二年のキューバ危機の際には七十基程度の長距離ミサイルを持つのみで、しかもそれらは液体燃料を注入するのに十時間もかかる代物であった。アメリカはその気になれば前進基地から航空機を飛ばし、それらを破砕することは十分に可能であり、その圧倒的な核戦力を前に、ソ連はキューバからの退却を迫られた。

これ以降、ソ連は外交上で表向きはデタント（緊張緩和）などを醸し出しつつも、核整備のペースを急速に上げていく。そして、七〇年代になるとソ連の核戦力はアメリカに追いつくことになった（その後、ミサイル数でソ連が優位で、弾頭数ではアメリカが優位といった状態が長く続く）。

ソ連の核戦力がアメリカに追いつくまでの間、アメリカは以下のような戦略をとっていた。ソ連が核による第一撃を仕掛けてきてもなお、アメリカは生き残っている核戦力により、ソ連が耐えられないくらいの大きなダメージを与える能力を持っていることを知らしめる。これによってソ連がアメリカやその同盟国に対して、核使用をオプションにしないようにする。これは確証破壊戦略とも呼ばれる核抑止戦略であった。

## †相互確証破壊の成立

この状況に対して七〇年代以降、ソ連が巻き返しを図り核戦力の破壊力の上では並ぶと、今度は核によって互いが共倒れになる可能性が高くなった。アメリカはＡＢＭ（弾道弾迎撃ミサイル）などを開発し、ソ連の核戦力から防護力を上げ、優位に立つことを模索したが結果的にはそれを自制し、アメリカとソ連が核使用をすれば共倒れになることを認識した上で核を使用しないといった核抑止が成立することになった（相互確証破壊戦略＝ＭＡＤ）。その後、外交によって核軍縮が進められるが、これは基本的には双方の核戦力のバランスを保ちながらの漸進的なものであった。こうした核戦力と核戦略から、戦争の政治目的は制限されることを余儀なくされ、それが行われる地域も制限されるようになった。

なお、相互確証破壊戦略で核戦力がシンプルに「使えない兵器」に発展したわけではなく、様々なアプローチで核兵器使用のオプションを追求もしてきた。たとえば、アメリカは通常戦力を主体にした軍隊の大規模侵攻に対して、大きな破壊力を持つ戦略核兵器を使用するのではなく、破壊力を抑えた戦術核兵器を開発・保有し、それを用いた限定核戦争といった概念を検討した。ただ破壊力を抑えたとはいえ、そのダメージが甚大であることに変わりはなく、これを圧倒的な陸軍力を有するソ連の欧州侵攻に対して使うといった考えは、欧州の同盟国から理解を得られないともいわれた。核抑止の代表的な戦略思想家の一人であるバーナード・ブローディ（一九一〇〜一九七八）は「われわれが核兵器を彼らの土地で無制限に使用して助けようとする国民は、おそらく最後までわれわれに助けを求めようとはしないであろう」と述べている。

こうした考え方がある一方で、ソ連もまた核兵器を実際に使える兵器としてドクトリンを構成してきた現実もある。冷戦後、核拡散は世界に及び今日に至っているが、中国やロシアなどは核兵器を戦力化することにアップデートを続けており、その核戦略も大きく見直されている。この状況にあって核戦略とは何かを真剣に学ぶことは、日本にとっても喫緊の課題となっている。

## 2 戦争とは何か

### †戦略思想家六人による「円卓会議」

核戦力・核戦略とともに戦争の政治目的や戦場となる地域が一定の制限を受けるようになったが、それによって武力戦や戦闘自体がなくなったわけではなく、武力戦は相変わらず熾烈な様相を呈している。そして国家間で発生する武力戦は、ときに停戦や講和に向けた条件を有利にするためにも、戦場において敵軍を殲滅する価値を高めたことも否定できない。加えて、現在では宇宙、サイバー、電磁波などが「戦争」の領域に拡大されつつあるが、これらの新たな性質を見極めながら古い戦略思想からも多くを学び、軍事的合理性といった意味合いを考えることが大切だろう。

これまで第一〜六章を通して、孫子（孫武）、マキャベリ、ジョミニ、クラウゼヴィッツ、マハン、リデルハートの戦略思想とそれぞれの時代を取り上げてきた。古代から現代に至るまで戦争は絶えず起き、本書で取り上げた戦略思想家たちはそれに真剣に向き合い、思想を結実させてきた。時を経るにつれて戦争の様相は変化してきたが、取り上げた戦略思想には時代や環境を超えて六人の共通点として括れる部分と、相違点として分けられる部分がある。

そして、この共通点と相違点を整理しておくことが軍事的合理性の意味合いや範疇を考える上で非常に重要である。共通点については、人類が行う戦争について一定の普遍性を持つ知恵と呼ぶことができ、これを狭義に軍事的合理性と呼ぶこともできる。他方で相違点が生じるのは単純に時代や環境の違いといった特殊事情によるのかもしれないが、これらもまた戦略思想史を含む広義な意味での軍事的合理性の範疇におさめ、この言葉が持つ振り幅として受け止めなければならないだろう。

生身の人間が現実の世界で行う戦争や武力戦は、合理的で論理的整合性や一貫性が美しく整う領域ではなく、その不整合や矛盾が存在する。そして結局のところ、軍事的合理性とはそれらを含むある意味では矛盾した存在でもある。そのことを踏まえて引き続き、将来に活かせる知恵とするべく努めるしかない。

本書の最終章となるこの章において、戦略思想と軍事的合理性について考えるためにも、六人の共通点と相違点を検討しておく。孫武は古代の甲冑、マキャベリはフィレンツェ政庁の官服、ジョミニ、クラウゼヴィッツ、マハンはそれぞれ陸軍・海軍の軍服、リデルハートは英国製スーツといったそれぞれの正装に身を包み、「円卓会議」を行うイメージで六人に同じ問いかけを行っていきたい。それぞれの戦略思想をフェアに忖度して「回答」を引き出してみる。

### †戦争とは何か

はじめに「戦争とは何か」といった漠然たる問いを彼らに投げかけてみよう。どのような回答がなされるだろうか。孫武は**「兵とは国の大事なり」**とし、クラウゼヴィッツは**「戦争とは一つの政治的行動にほかならない」**、マハンは**「要するに政治運動にすぎない」**

とし、戦争が政治目的の範疇や延長線上で行われるものと同意するだろう。

マキャベリは**「征服して支配権を獲得するためであり、いま一つは、自分が征服されまいとする恐れから」**と言い、ジョミニは政府が戦争を行う政治目的を六つに類型化して挙げ、リデルハートも政府が戦争政策を作成するべきとするので、やはり戦争は政治と密接な関係があるものとする。

戦争は何かとの問いに対しては、六人全員が基本的には政治的動機との関連で意見を出し、これらの見解は表現の仕方こそ違うが、ほぼ同意見として扱ってよい。ただ、戦争や武力戦をもう少し倫理的視点からどう捉えているのかについて意見を求めた場合、六人のそれは多少異なるため、それぞれの文脈や行間などから浮かび上がるものを感じ取らねばならない。

### †戦争と倫理の関係について――孫武、リデルハート、クラウゼヴィッツの立場

孫武は戦争が亡国を導き、政治目的を達成し得ても多く兵士や国民が犠牲になる可能性を述べ、結論としては武力戦について必ずしも積極的に肯定するわけではない。

リデルハートは自ら第一次世界大戦に参加し、「ソンムの戦い」で大量の人間が刹那に駆逐されていくのをみて、戦争の政治目的達成には最小限の犠牲とコストで達成し得るか

どうかが重要との考えを持つ。

クラウゼヴィッツは「絶対戦争」と「現実の戦争」といった抽象化で戦争とは何であるかを議論しているが、倫理的視点から戦争について直接的な言及はせず、沈黙を守る。なお、クラウゼヴィッツ自身は「理性」が尊ばれるプロイセンで生まれ、教養を積んだ人である。その思考の仕方においてカントの影響を受けたのはよく知られているが、そのカント自身は**「戦争とは、法に基づいて判決を下すことのできる裁判所のない自然状態において採用される悲しむべき緊急手段であり、暴力によって自分の権利を主張しようとするものである」**(『永遠平和のために』)とも述べている。

## †戦争と倫理の関係について――ジョミニ、マハン、マキャベリの立場

ジョミニは戦争をいかに巧みに遂行するかについて、自らの兵学理論を確立することに懸命であり、常識的な範囲では戦争の悲惨さを知っていた人だ。ただし、国際法などがまともに機能する世の中でなければ国家同士の競争や争いは避けられないとして、倫理的アプローチについてはそれ以上の積極的な意見はしない。マハンについて、この問題をどう捉えるのかは少し複雑である。

マハンは大学時代にキリスト教に基づく宗教的信念を培い、神の意志によって歴史が動

くといった考え方を持っていた。帝国主義の時代にあっては国益や特殊権益の確保のための戦争を肯定し、キリスト教文明の優位を信じ、その価値観を浸透させるために戦争を必要悪としてみたことは否めない。

中世に生きたマキャベリは表向き、キリスト教を賛美はするが、他方で戦争を効率的に運ぶための手段として活用せよともいう。戦争とは不可避で恐ろしいものではあるが、他方でどこか崇高さを帯びるものとして捉えており、平和の可能性に言及はするが、それが望ましいともいわない。

戦争が政治的動機に基づくものであるのはおおむね同意見であっても、戦争を倫理的にどう捉えているかは、それぞれにかなりの相違がある。

## 3 政軍関係

### †政治と軍事の関係についての見解

次に「政治と軍事の関係についてどのように考えているか」といった問いに対して、六人の見解を整理しておこう。

孫武は政治と軍事の関係についてその役割を区別し、君主などの政治指導者が将軍など軍事的指導者に対して優位にあるとした。そして、戦争の開戦の是非と終戦のタイミングは政治によって決断されるべきとした。他方で政治が軍事の細部、たとえば、具体的な作戦戦略や戦術について必要以上に干渉すれば、武力戦に敗北してしまうとしてこれを戒めた。マキャベリ、ジョミニ、クラウゼヴィッツ、マハン、リデルハートもこの考え方に原則としては同意するだろう。

### †政治と軍事の最高権力は兼務可能——ジョミニ、マキャベリの立場

ただし、マキャベリは君主政において、君主が政治だけでなく軍事についても権威権能を掌握し、戦場に自らが赴いて指揮采配できる能力を持つことがよいとした。また、君主にとってその権力を維持するために、最も大切なのは軍事であるとしている。

ナポレオン戦争にフランス軍の幕僚として活躍したジョミニは、政治と軍事の区分けを知り、やはり孫武と同様に、政府が後方から前線の軍事に対して具体的な軍事目標や指揮統率に口出しすれば戦機を逸し、作戦を台無しにすると警鐘を鳴らしている。その上で、政治と軍事の権威権能を最高レベルで一つに統べる皇帝的存在を、政治と軍事の関係の理想形としてみている（ジョミニは基本的に君主制を、不安定な時代において秩序を保つ上では望まし

いとしている）。ただしそれが能力的に難しい場合、将軍やそれを補佐する参謀将校の登用にも触れている。

## †政軍権力は組織的に区分――孫武、クラウゼヴィッツ、マハン、リデルハートの立場

クラウゼヴィッツはこの点については孫武のスタンスに近いが、政治と軍事の間に摩擦が起きてもなお、両者が向き合えば基本的には調整可能としている。政治が適切に機能していている前提で軍事をコントロールし、戦争が政治目的に基づいて行われるべきものとしつつも、軍のなかでもトップにある将軍（将帥）などは場合によって内閣に直接参画し、その調整を担う必要性があるとしている（それ以外の軍人が内閣に口出しするのは危険ともしている）。つまり、基本的には政治・軍事に万能な人間といったものを想定しない。

マハンとリデルハートは議会制民主主義がある程度機能し、参謀や幕僚などのスタッフ機能や役割が他の四人と比べても著しく拡張され始めた時代に生きた。したがって政治と軍事の区分けや役割の違いについては常識的に理解していた。その上で、マハンは特に戦争に際し、速やかに行動できるために十分な戦力を、平時から造成しておくことが政府の責任だとしている。リデルハートは政治と軍事が一人によって担われるのはすでに非現実的で有害とした。その上で政府が大戦略を決め、それに追随させる形で軍事戦略を機能さ

せるためにも、指揮官人事や作戦上の軍事目標の変更を通じて政治の一定の口出しを認めている（他方で軍事といった手段の実情、現場の実情からその目標の変更、ひいては政治目的に制限が発生することにも言及する）。

君主政・民主政・共和政などの政体の違い、時代ごとの戦争の規模や様相の変化、技術の進化がこれらの相違点を生み出す原因になっている。政治の優位や政治と軍事の区分け、その役割の違いについて戦略思想家たちは総論的に同意するが、これを最も効率的に機能させることに秀でた人物に期待するか、組織編制と役割分担に期待するかの違いともいえる。テクノロジーが発達し、前線と後方がリアルタイムでの状況掌握や指揮命令が可能となった現代では、たとえば作戦上定められた最前線の軍事目標があり、その後の状況が流動化したなかで攻撃可否の決断を求める作業を、政治と軍事の区分をまたぎ短時間で行うことが可能となっている。ただし、これによって政治・軍事の区分がシンプルになり、あらゆる問題が解決したかどうかは別の話である。

### †戦争と経済について

「戦争と経済の問題についてどう考えるか」との問いにはアプローチにかなり幅が出る。古代から近代にかけて経済規模や構造も大きく変わるが、農業を中心としたシンプルな経済構造の古代に生きた孫武が、この戦争と経済について最も深い意見を持っている。戦争が短期戦であってもそれが国家経済に莫大な出費を強要することや、戦争時に起きる物価高騰・インフレなどについても言及する。また、前線に物資が大量に必要とされるなかで後方の国民がどれほどの負担を強いられるかに触れ、政治にそれを天秤にかけて戦争是非について考慮することを促す。

リデルハートは第一次世界大戦で総力戦を見せつけられ、その反省から国家レベルでの「間接アプローチ戦略」の有効性を提案するが、そのなかで敵の経済を攻撃対象として重視する。

彼はこの戦争において、ドイツが最終的に敗北に至った原因はその軍事力が失われたからではなく、連合国側がその海軍力をもって与えた経済的圧迫にあったとし、海軍力による海上封鎖などのアプローチについて意見する。マハンは海軍史や海軍戦略を論じるなかで通商破壊の重要性を支持するが、その最終的な効果についてリデルハートほどの評価はしない。

マキャベリは経済力（財力）が国力であることは認めるが、戦争はそれだけでは勝利できず、経済力で購入できる傭兵隊ではなく、実体を伴う軍事力の必要性を強調してこの問題にアプローチした。ジョミニは兵站・ロジスティクスといったレベルについて言及するが、国家と経済といった視座についてはあまり積極的な意見がない。

クラウゼヴィッツもまた、こうした問題はまさしく政治が検討するべきであり、ゆえに政治と軍事を区分けして考察しているのであり、政治が適切に機能している限りは、軍人からすればそれは所与の問題だとする。そして、『戦争論』などもその前提で考察しているという表向きの態度を保つ（なお政治が適切な機能を失っている場合についての意見は、『戦争論』よりもクラウゼヴィッツ個人の歩みが参考になる）。

## 4　いかに戦うか

### †戦争の手段をどう考えるか

「政治目的の達成を目指して戦争を遂行するとして、その方法についてはどのようなものがあるか」という問いに対して、孫武は武力戦だけでなく外交戦、情報戦を一体化させたハイブリッドな戦争に主軸を置く。外交戦においては敵の同盟に対して積極的に外交交渉や謀略を仕掛け、それを離間させて敵側の戦力を低下させるべきとする。加えて潜在的な敵国に対しても下手に動かぬよう釘を刺しつつ、他方で自軍が行う武力戦については同盟からの軍隊をあまり頼みにはしていない。武力戦については積極的に敵軍を分散させるよう努め、自軍は速やかに集中し、敵軍の主力を撃破するといったドクトリンを原則として展開する。

孫武の武力戦、外交戦、情報戦を一体化させた戦争遂行に対して、残りの五人はスタンスが異なる。マキャベリは同盟のあり方について触れるが、そこから実際に得られる支援の可能性よりも、それを頼むことで戦機を逸するリスクの方を重視する。同盟に期待し過ぎることを戒め、武力戦において自軍を大量に動員し、敵軍を早期に撃破することに努めるべきとした。ジョミニは外交戦、情報戦について積極的な言及はしない。その上で武力戦については、自軍をどれだけ速やかに集中させ、敵軍を撃破できるかだとする。

### †武力戦中心のアプローチと限界

クラウゼヴィッツは『戦争論』において、戦争中も外交が完全に断絶することはないとしたが、それを作戦戦略や武力戦に絡ませて議論はしていない。加えて、情報戦についてはその可能性よりも、常に不完全な情報と錯誤によって惑乱されるリスクについて説く。武力戦について基本はジョミニと同様のスタンスではあるが、それが机上で考えたように現実ではうまくはいかないものだと留保もする。

マハンは膨大な著作を遺しており、外交や情報について意見もするが、武力戦をメインにして論じる際には原則として兵力集中により、敵軍を撃破するべきものとして展開する。リデルハートの立ち位置は孫武に比較的近いといえる。孫武からの影響を受けていることはすでに述べたが、武力戦のあり方については孫武と共通点が多い一方で、一線を引く部分もある。

孫武は、武力戦が不可避の場合は敵軍を分散させるべく努め、自軍は敵軍の主力を一気に撃破していくというスタンスを説いた。

これに対してリデルハートはその自軍の目標について「代替目標」といった用語を使い、主力撃破のみにこだわる考えから柔軟であるべきだとしている。これには戦争は敵味方の相互作用であるから、目標の価値や重みも変化し得ることを十分に看破し、決断していくべきとの考えがある。リデルハートは敵味方が双方合理性に基づいて武力戦を進めていくが、そのなかで自軍がその合理性に基づいた価値判断で優位に立つことができるという前提でアプローチしている。

### †合理性の価値

六人の戦略思想家が戦争遂行の手段のあり方や重きを置くポイント、その組み合わせを論じるなかで、何に積極的な価値や自信を見出すかは異なるが、これは合理性をどこまで信頼するかといった問題と絡んでくる。孫武、リデルハートは自軍が合理性を優位に駆使でき、作戦を有利に進められるという考えを持つが、クラウゼヴィッツはそれには限界があるとしている。互いが合理性を駆使しても彼我の相互作用のなかで錯誤や摩擦が生まれ、「現実の戦争」は双方の当初の作戦計画から乖離したものになっていくとも考えている。

合理性を最大限に駆使しても武力戦には限界があるとする以上、外交戦や情報戦を駆使した戦争を一体化するアプローチは単純に見えて実は極めて複雑であり、それを総合的に考察することに価値を見出さなかった。マキャベリ、ジョミニ、マハンの他の三者は武力戦に限っては、自軍が合理性を優位に駆使し得るというスタンスである。戦争において彼我双方が対峙するなかで、合理性の駆使がどこまで有効であるかは、テクノロジーが発達した現代でもやはり大きな問題である。

## †戦争の期間について

「戦争の期間についてどう思うか」と問われれば、六人全員が短期戦であるべきだと答えるだろう。ただ短期戦であるべきとはいっても、現実の戦争がそうなるものではない。合理性で敵に対して優位に立つという前提の孫武でも、武力戦が常に自軍にとって都合よく、短期戦で終わるとは言わない。「兵は拙速を尊ぶ」という言があるように、たとえ武力戦の戦果が不十分であっても、速やかに戦争を終結させたほうがよく、完全勝利を目指して長期戦をするべきではないとする。

クラウゼヴィッツもまた観念上では「絶対戦争」といったどちらか一方が勝利をおさめるまで、すべての軍事力とあらゆる資源が動員される戦争を考えたが、「現実の戦争」においては様々な干渉を受けて、武力戦の戦果が不十分な状態に直面するという。そして、当初の戦争の政治目的がそれ以上の犠牲を許容するかどうかが、期間の長短を決めるといっている。両者ともに、政治目的とそれに紐づく目標を固定化してしまえば短期戦の機会を逸すると言外に述べている。

## †攻勢と防勢（守勢）、攻撃と防御について

攻勢と防勢（守勢）では戦理としてはどちらが有利なのか。この抽象的な問いに対しては、武力戦に限って言えば次のような回答が返ってくるだろう。

作戦戦略、戦術レベルの一つの戦闘においては攻勢と防勢どちらが有利かは、彼我の状況によって回答は異なる。これについては六人全員がおおむね同意するだろう。たとえば、孫武などは武力戦が決定したならば、速やかに敵軍の主力を撃破するべく敵国への攻勢作

戦といったコンセプトを明確にする反面、防勢作戦によって敵軍の主力を自らに有利な地形で待ち受けて撃破する考えも明示している。どちらの作戦に主軸を置くかは、彼我の状況を合理的にみて判断するのが通常だ。

ただし、自軍が敵軍に戦力の上で劣るから防勢で、優るから攻勢といったシンプルなものではなく、それは作戦戦略全体の内容によって異なる。数字の上での戦力で劣るとしても、士気や指揮官の能力、自軍の機動力、奇襲、情報戦などを含む無形戦力で勝り、決勝点において相対的に戦力が優勢になり得ると判断すれば、表向きの戦力が劣勢でも積極的に攻勢作戦をかけていくといった決断もあり得る。これらのどれに最も価値を置くかは、六人それぞれで異なる。

### †大戦略レベルの攻勢と防勢について

そして、この攻勢と防勢といった考えをより高次の大戦略、軍事戦略に適用して考えると、六人の回答は著しく異なるだろう。これは六人それぞれの戦略思想に対するアプローチや叙述スタイルの違いといった部分もあるが、戦場における武力戦以外の戦争手段、外交戦、情報戦、加えて、経済戦などを加え、それにどこまで期待するかにもよる。孫武、リデルハートの二者はこれらの価値を評価しており、大戦略、軍事戦略レベルで防勢作戦といった概念を軸に戦争を進めても十分に政治目的を達成し、戦争に勝利できるとする。つまり孫武とリデルハートは、戦略的防勢作戦を戦争勝利の選択肢の一つとして支持する。

マキャベリ、ジョミニ、クラウゼヴィッツ、マハンはこの見解に簡単には同意しないだろう。特にクラウゼヴィッツの思考方式からは、武力戦と非武力戦の連関を政治指導者や軍事的指導者が看破するというのはあまりにも難題であって、それをもとに大戦略を構想することはまずもって困難であり、その効果測定や実証実感は可能かどうかを問題にする。したがって、武力戦において確実に敵軍を撃破するといった攻勢の積み重ねを基盤として大戦略を考えるべきという視座になるだろう。

### †敵をどこまで追い込むべきか

戦争全体の流れを決める戦いは「決戦」という用語で表現されることが多いが、「決戦」においては敵軍を徹底的に撃破撃滅するべきかどうか」について、六人の意見には幅が出てくる。自軍が戦場で敵軍を撃破できる戦機が到来しているならば、それを実行するべきといったことについては全員原則として同意するだろう。ただ一戦場ではなく、今少し俯瞰して武力戦全体で敵軍の「殲滅」を目指すべきかについては相異が出てくる。

ナポレオン戦争の洗礼を受けたジョミニ、クラウゼヴィッツは武力戦において、少なくとも敵軍の主力を殲滅させるべく可能な限りの術を尽くすべきだとする。マハンが求める艦隊決戦もこの発想に近いだろう。マキャベリは理想としては殲滅戦を期待したが、マキャベリの時代は傭兵隊が主体であり、そもそもそれを要求するのが不可能であった。

## †殲滅戦に疑義を呈する孫武とリデルハート

孫武は殲滅戦といったものから距離を置く。作戦戦略や戦術レベルにおいて具体的には**「帰師は遏むる勿れ。囲師は必ず闕く」**（軍争篇）という敵軍の包囲殲滅や徹底追撃を戒める一文がある。リデルハートはクラウゼヴィッツを「直接アプローチ戦略」であるとして批判し、攪乱を主軸とする「間接アプローチ戦略」によって、自軍の犠牲は少ないままで敵軍を崩壊や撃滅へと導く前提のなかで、一戦場における殲滅を否定まではしない。ただ戦争を俯瞰した場合、敵軍を殲滅するよりも、「英国流の戦争方法」で触れたように海軍力を用いて海上封鎖などによって経済的、心理的に敵国を追い込む方法をより指向している。

リデルハートは敵の交戦意志を弱体化させるためにも、敵の退却線を開けておくこと、敵に降りるための階段を用意しておくこと、戦略の初歩的原則と政治の原則（戦争の原則）にも言及する。加えて、「戦後の平和」構想がない戦争指導（大戦略）は無意味だという考えを持っていた。ここから敵軍全体を徹底的に殲滅することや、敵軍へ供給可能とする民間人を含む国力全般を過度に攻撃することに対して、戦後の国家復興を考えた場合に不利になるとした。この点では孫武もまた**「亡国は以て復た存すべからず。死者は以て復た生くべからず」**（火攻篇）〔訳＝一度亡んだ国が再興することや、死者を生き返らせることは不可能だからである〕として、戦後のあり方に思いを致し、武力戦に配慮を求めている。

### †核戦力をどう考えるか

六人の戦略思想家に番外編的な質問として「核兵器・核戦力についてどのような態度をとるか」を尋ねると、その回答はかなり異なるだろう。六人のなかで実際に核兵器・核戦力を知り直接言及しているのはリデルハートだけである。したがって、他の五人についてはそれぞれの戦略思想から忖度することになる。

孫武は『孫子』の終章ともいえる「火攻篇」で、古代における大量破壊兵器であった火攻めの運用について一章を割いて論じている。火攻めの目標を都市、後方兵站基地、輸送部隊、前線の軍需品集積所、敵部隊など具体的に区分しその選択を考慮し、平時よりその使用に向けて準備万端であるべきだと説く。

その上で火攻めを実際に使用するタイミングや条件を具体的に挙げている。孫武は火攻めが短時間で持つ圧倒的な破壊力の大きさを、持続性はあるものの破壊力では劣る水攻めを引き合いにして論じている。孫武はこの火攻めという大量破壊兵器の実戦投入について必要があれば躊躇しない姿勢を示している。ただし、この直後の文言では火攻めでもって大量破壊を行ってなお戦争目的を達成できないのならば、「無名の師」（無意義の武力行使）に堕すると戒めてもいるのだ。

マキャベリは核戦力を持つことが、都市国家のような脆弱な小国が強大な大国に対して抗う術として評価し、大国が小国への全面侵攻を許さないゲームチェンジャーになりうるとしてその保有を受け入れると思われる。そして、君主政、共和政などの政体に関係なく、核兵器の運用思想や使用手順は対外的には一切非公開にする狡猾さを提案し、外国が感ずる脅威度を釣り上げて、それを外交交渉上のカードにして政治目的を達成していくことを探るだろう。

ジョミニは核兵器の運用については通常の武力戦の延長で、律儀に理論化を試みる可能性があるが、その使用有無の決断を政治と軍事の最高権威を兼ねる一人の責任に帰属させることが最も合理的だとの結論を下す可能性が高い（最高権威が将軍などに助言を求めることまでは否定はしないだろう）。

クラウゼヴィッツは、核兵器の存在は自らが観念上で考え出した「絶対戦争」が現実のものとなり、国家間でその使用は共倒れになるリスクを挙げるだろう。一方で全面核戦争が何の前触れもなく勃発することはなく、それ以前の段階で武力戦に起きる「錯誤」・「摩擦」といったピンチをチャンスにできるかを見極めて、政治目的が排除された都合のよい純軍事的思考を許容しなければ、核戦争に至らずに武力戦は終わるとの見解を述べると思われる。

マハンはアメリカを愛した帝国主義者であり、後年はアメリカが膨張していくのは明白な運命であるとしていた。その立場からは核戦力を手段としてしっかり整え、海軍力を支えるものにすることを積極的に評価する可能性が高い。

リデルハートは、核兵器の実戦投入はエスカレーションを招き世界の破滅に至るので、国際協調による抑止をメインとして論じるだろう。そこから、通常の武力戦もまた総力戦にならぬように地域や強度が限定されるべきだとする。

## †戦争の終わらせ方について

最後に「武力戦において勝ち続けても戦争に勝利するとは限らないのではないか」と六人に問いかければ、おそらくこの質問の意味するところをもう少し厳密にするようにという声が上がるだろう。そこで問いを今少し具体的にして、「戦場における会戦で完勝とはいわないまでも、優勢の内に勝利を積み重ね続け、敵軍の主力を撃破撃滅しても、戦争に勝利できるとは限らないのではないか」という問いにする。

おそらく孫武あたりが開口一番で、「それは戦争の政治目的次第であり、その内容如何による」と回答してくるだろう。そして、「**戦えば勝ち攻むれば取るも、其の功を修めざる者は凶なり。命(なづ)けて費留という**」と言いながら、敵軍を撃破し、目標とする地域を占領できても、それが本来の政治目的達成に貢献するものでなければ、「無名の師」になると強調する。

　戦争の政治目的をどこまで許容するかについては、六人それぞれの本音が異なるだろう。戦争が政治の延長であるとしても、戦争のための政治目的や理由は数多存在する。たとえば、他国を侵略するための武力侵攻（直接支配・間接支配を含む）、国益と特殊権益の獲得や擁護、領土領域の拡大や防衛、侵略に対する自国防衛、目標を限定した武力戦などである。孫武は大義の立たない他国侵略に否定的であり、これにはマハン、リデルハートなども、彼らが生きた時代的思潮にも少なからず存在したので同意するだろう（もっとも大義とは使い勝手のよい用語であり、これ次第で侵略戦争もその色合いが変わる）。他方でマキャベリ、ジョミニ、クラウゼヴィッツは他国への侵略・侵攻がごく普通に政治目的に含まれる時代に生きた。

　戦争と政治目的の問題には六人の戦略思想家が生きた時代の違いも反映されており、それぞれが尽くした国がどのような国家理念・国家目的を持っていたかにも大きく関係してくる。そして、戦略思想は根本的にこうした問題に直結してくる。

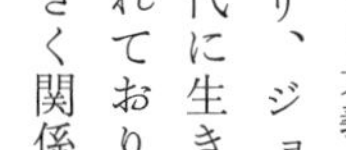

また、政治目的を達成するための武力戦が、それにどの程度応えられるものなのかということは戦略思想における重要なテーマの一つとなるが、これについて六人全員が共通の見解を持っているとはいえない。孫武、リデルハートは政治目的達成のための武力戦の限界をわきまえつつ、常に合わせ技として武力戦以外の可能性を比較的高く評価し、クラウゼヴィッツは政治目的達成のための武力戦の限界を知りつつも、武力戦が持つ可能性を戦理的・哲学的に考察し続けた。マキャベリ、ジョミニ、マハンは武力戦が持つ可能性を比較的に高く評価して、それを政治目的達成の手段として活用するため、その術を磨くことに最大限の情熱を捧げた。

なお、蛇足ながら最後に「大局的見地から継続中の戦争に勝算が立たなくなった場合、それをどこまで継続するべきか」と問うと、六人全員が早期に講和を申し入れるべきだと回答するだろう。ただし、その理由は余力を残しての講和であるほど国家復興への負担が少なく、再軍備もまたその分だけ容易になるといった意見に落ち着くに違いない。念のため、講和の後で再軍備や戦力自体の放棄といった選択肢の有無を問えば、古来、武力なくして平和は守られないし、そのためのよりよい武力へと再建に努める以外にはないという。孫武あたりが**「国の大事は祀(し)と戎(じゅう)とにあり**（祀＝祭祀・戎＝軍事）**」**（春秋左氏伝）との言を引き、国が守られるために必要な武力に言及して終わるだろう。

# あとがき

孫子（孫武）、マキャベリ、ジョミニ、クラウゼヴィッツ、マハン、リデルハート。本書を書くにあたって彼らが遺したものを改めて何度も読み返すことになった。限られた本書のページ数のなかにそれぞれの膨大な戦略思想を絞り、そのエッセンスを引き込むのは、当初思っていたよりも大変な作業であったというのが正直な気持ちだ。六人それぞれに事情や意図があり、大胆な書き方にみえて慎重さと配慮が含まれ、結局の本音は何かと見定めるのが難しい部分も多々あった。それでも、この六人はそれぞれの時代において戦争と直接向き合い、戦略思想を生み出して形にしたのであり、現代においても考える糧を多く含んでいると信じて、読み込みと執筆作業を続けた。

本書で取り上げた軍事をメインとする戦略思想は、日本においてはいまでも特殊な扱いを受けており、社会のメインストリートには出てこない。もちろん、こうした戦略思想が日常生活のなかで常に同居するような時代がよいとは思わないが、独立国家が真剣に安全保障戦略やその戦略を本気で考えていくためには必要な材料となるはずだ。すでに人口に膾炙（かいしゃ）した言葉に「愚者は経験に学び、賢者は歴史に学ぶ」というものがある。かつて自らの国が経験した事実と特定の価値判断だけをもってその延長線上に戦略を考えるアプローチと、自らの経験を踏まえつつ、他の歴史をも十分に参考にして戦略を考えるアプローチがあるならば、後者もまた一つのオプションだと思っている。なお、歴史は政治史、経済史、産業史、文化史、スポーツ史など様々な分類ができるが、戦略思想史（軍事史）もまた一つの歴史であることはいうまでもない。

本書ができあがるまでには多くの方にご尽力いただいた。特に明治大学教授・戦略研究学会会長である藤江昌嗣先生、元防衛大学校教授・元1等陸佐の杉之尾宜生氏、元陸将・元西部方面総監の番匠幸一郎氏、筑摩書房編集長の松田健氏、フリー編集者の内田雅子氏、編集校閲を手伝ってくれた間瀬英梨香氏などには大変にお世話になった。深く感謝を申し上げたい。

# 主要参考文献（参照しやすい、日本語で読めるものにとどめた）


## 全体に関するもの

ピーター・パレット編（防衛大学校・「戦争・戦略の変遷」研究会訳）『現代戦略思想の系譜――マキャヴェリから核時代まで』（ダイヤモンド社、一九八九年）
前原透監修・片岡徹也編集『戦略思想家事典』（芙蓉書房出版、二〇〇三年）
田村尚也『用兵思想史入門』（作品社、二〇一六年）
浅野祐吾『軍事思想史入門――近代西洋と中国』（原書房、二〇一〇年）
『ブリタニカ国際大百科事典』

## 第一章

浅野裕一『孫子』（講談社学術文庫、一九九七年）
杉之尾宜生編著『[現代語訳] 孫子』（日本経済新聞出版社、二〇一四年）
マイケル・I・ハンデル（杉之尾宜生・西田陽一訳）『米陸軍戦略大学校テキスト　孫子とクラウゼヴィッツ』（日経ビジネス人文庫、二〇一七年）
マイケル・I・ハンデル（防衛研究所翻訳グループ訳）『戦争の達人たち　孫子・クラウゼヴィッツ・ジョミニ』（原書房、一九九四年）
尾形勇・平勢隆郎『世界の歴史②中華文明の誕生』（中央公論社、一九九八年）

### 第二章

マキアヴェッリ（河島英昭訳）『君主論』（岩波文庫、一九九八年）

ニッコロ・マキァヴェッリ（永井三明訳）『ディスコルシ「ローマ史」論』（ちくま学芸文庫、二〇一一年）

塩野七生『わが友マキアヴェッリ　フィレンツェ存亡』（中央公論社、一九八七年）

石黒盛久編著・戦略研究学会編集『戦略論大系⑬マキアヴェッリ』（芙蓉書房出版、二〇一一年）

### 第三章

佐藤徳太郎『ジョミニ・戦争概論』（原書房、一九七九年）

ジョミニ（佐藤徳太郎訳）『戦争概論』（中央公論新社、二〇〇一年）

今村伸哉編著『ジョミニの戦略理論――「戦争術概論」新訳と解説』（芙蓉書房出版、二〇一七年）

### 第四章

C・V・クラウゼヴィッツ（日本クラウゼヴィッツ学会訳）『戦争論』レクラム版（芙蓉書房出版、二〇〇一年）

C・V・クラウゼヴィッツ（篠田英雄訳）『戦争論』（上・中・下、岩波文庫、一九六八年）

C・V・クラウゼヴィッツ（清水多吉訳）『戦争論』（上・下、中公文庫、二〇〇一年）

川村康之編著・戦略研究学会編集『戦略論大系②クラウゼヴィッツ』（芙蓉書房出版、二〇〇一年）

片岡徹也編著・戦略研究学会編集『戦略論大系③モルトケ』（芙蓉書房出版、二〇〇二年）

渡部昇一『ドイツ参謀本部』（中公新書、一九七四年）

**第五章**

麻田貞雄編・訳『マハン海上権力論集』（講談社学術文庫、二〇一〇年）
山内敏秀編著・戦略研究学会編集『戦略論大系⑤マハン』（芙蓉書房出版、二〇〇二年）

**第六章**

リデル・ハート（後藤冨男訳）『第一次大戦――その戦略』（原書房、一九八〇年）
石津朋之編著・戦略研究学会編集『戦略論大系④リデルハート』（芙蓉書房出版、二〇〇二年）
石津朋之『リデルハートとリベラルな戦争観』（中央公論新社、二〇〇八年）
森田松太郎・杉之尾宜生『撤退の本質――いかに決断されたのか』（日経ビジネス人文庫、二〇一〇年）

**終章**

岡崎久彦『戦略的思考とは何か』（中央公論社、一九八三年）
村松劭『新・戦争学』（文藝春秋、二〇〇〇年）
カント（中山元訳）『永遠平和のために／啓蒙とは何か』（光文社、二〇〇六年）
黒野耐『「戦争学」概論』（講談社現代新書、二〇〇五年）

ちくま新書
1615

# 戦略思想史入門（せんりゃくしそうしにゅうもん）

――孫子（そんし）からリデルハートまで

二〇二一年一一月一〇日　第一刷発行

著　者　西田陽一（にしだ・よういち）

発行者　喜入冬子

発行所　株式会社 筑摩書房
東京都台東区蔵前二‐五‐三　郵便番号一一一‐八七五五
電話番号〇三‐五六八七‐二六〇一（代表）

装幀者　間村俊一

印刷・製本　株式会社 精興社



ISBN978-4-480-07443-0 C0231

# ちくま新書

1002
理想だらけの戦時下日本
井上寿一
格差・右傾化・政治不信……戦時下の社会は現代に重なる。その時、日本人は何を考え、何を望んでいたのか？ 体制側と国民側、両面織り交ぜながら真実を描く。

1036
地図で読み解く日本の戦争
竹内正浩
地理情報は権力者が独占してきた。地図によって世界観が培われ、その精度が戦争の勝敗を分ける。歴史の転換点を地図に探り、血塗られたエピソードを発掘する！

1499
避けられた戦争
——一九二〇年代・日本の選択
油井大三郎
なぜ日本は国際協調を捨てて戦争へと向かったのか。国際関係史の知見から、一九二〇年代の日本に本当は存在していた「戦争を避ける道」の可能性を掘り起こす。

1146
戦後入門
加藤典洋
日本はなぜ「戦後」を終わらせられないのか。その核心にある「対米従属」「ねじれ」の問題の起源を世界戦争に探り、憲法九条の平和原則の強化による打開案を示す。

1569
9条の戦後史
加藤典洋
憲法9条をどのように使うことが、私たちにとって必要なのか。日米同盟と9条をめぐる「せめぎあい」の歴史をたどり、ゼロから問いなおす。著者、さいごの戦後論。

1267
ほんとうの憲法
——戦後日本憲法学批判
篠田英朗
憲法九条や集団的自衛権をめぐる日本の憲法学者の議論はなぜガラパゴス化したのか。歴史的経緯を踏まえ、政治学の立場から国際協調主義による平和構築を訴える。

1111
平和のための戦争論
——集団的自衛権は何をもたらすのか？
植木千可子
「戦争をするか、否か」を決めるのは、私たちの責任になる。集団的自衛権の容認によって、日本と世界はどう変わるのか？ 現実的な視点から徹底的に考えぬく。

## ちくま新書

948
# 日本近代史
坂野潤治

この国が革命に成功し、わずか数十年でめざましい近代化を実現しながら、やがて崩壊へと突き進まざるをえなかったのはなぜか。激動の八〇年を通観し、捉えなおす。

1365
# 東京裁判「神話」の解体
――パル、レーリンク、ウェブ三判事の相克
D・コーエン
戸谷由麻

東京裁判は「勝者の裁き」であり、欺瞞に満ちた判決だったというのは神話に過ぎない。パル判事らの反対意見の誤謬と、判決の正当性を七十年の時を超えて検証する。

1152
# 自衛隊史
――防衛政策の七〇年
佐道明広

世界にも類を見ない軍事組織・自衛隊はどのようにできたのか。国際情勢の変動と平和主義の間で揺れ動いてきた防衛政策の全貌を描き出す、はじめての自衛隊全史。

1601
# 北方領土交渉史
鈴木美勝

「固有の領土」はまた遠ざかってしまった。歴代総理や官僚たちが挑み続け、ゆっくりであっても前進していた交渉が、安倍外交の大誤算で後退してしまった内幕。

905
# 日本の国境問題
――尖閣・竹島・北方領土
孫崎享

どうしたら、尖閣諸島を守れるか。竹島や北方領土は取り戻せるのか。平和国家・日本の国益に適った安全保障とは何か。国防のための国家戦略が、いまこそ必要だ。

847
# 成熟日本への進路
――「成長論」から「分配論」へ
波頭亮

日本は成長期を終え成熟フェーズに入った。旧来の成長モデルの政策も制度ももはや無効であり改革は急務である。国民が真に幸せだと思える国家ビジョンを緊急提言。

1515
# 戦後日本を問いなおす
――日米非対称のダイナミズム
原彬久

日本はなぜ対米従属をやめられないのか。戦後の「日米非対称システム」を分析し、中国台頭・米国後退の中、政治的自立のため日本国民がいま何をすべきかを問う。